解 读 地 球 密 码

丛书主编　孔庆友

润 物 之 源

泉

Springs

The Source of Moisture for Everything

本书主编　贺　敬　常文博　陈素玲

山东科学技术出版社

·济南·

图书在版编目（CIP）数据

润物之源——泉 / 贺敬，常文博，陈素玲主编 . -- 济南：山东科学技术出版社，2016.6（2023.4 重印）
（解读地球密码）
ISBN 978-7-5331-8359-2

Ⅰ.①润… Ⅱ.①贺… ②常… ③陈… Ⅲ.①泉 — 普及读物 Ⅳ.① P641.139-49

中国版本图书馆 CIP 数据核字（2016）第 141829 号

丛书主编　孔庆友
本书主编　贺　敬　常文博　陈素玲

润物之源——泉
RUNWU ZHI YUAN——QUAN

责任编辑：梁天宏　孙觉韬　宋丽群
装帧设计：魏　然

主管单位：山东出版传媒股份有限公司
出 版 者：山东科学技术出版社
　　　　　地址：济南市市中区舜耕路 517 号
　　　　　邮编：250003　电话：（0531）82098088
　　　　　网址：www.lkj.com.cn
　　　　　电子邮件：sdkj@sdcbcm.com
发 行 者：山东科学技术出版社
　　　　　地址：济南市市中区舜耕路 517 号
　　　　　邮编：250003　电话：（0531）82098067
印 刷 者：三河市嵩川印刷有限公司
　　　　　地址：三河市杨庄镇肖庄子
　　　　　邮编：065200　电话：（0316）3650395

规格：16 开（185 mm×240 mm）
印张：9.5　字数：171 千
版次：2016 年 6 月第 1 版　印次：2023 年 4 月第 4 次印刷
定价：38.00 元

审图号：GS（2017）1091 号

普及地质科学知识
提高民族科学素质

李廷栋
2016年九月

传播地学知识，弘扬科学精神，
践行绿色发展观，为建设
美好地球村而努力。

翟裕生
2015年10月

贺　词

　　自然资源、自然环境、自然灾害，这些人类面临的重大课题都与地学密切相关，山东同仁编著的《解读地球密码》科普丛书以地学原理和地质事实科学、真实、通俗地回答了公众关心的问题。相信其出版对于普及地学知识，提高全民科学素质，具有重大意义，并将促进我国地学科普事业的发展。

国土资源部总工程师　（签名）

　　编辑出版《解读地球密码》科普丛书，举行业之力，集众家之言，解地球之理，展齐鲁之貌，结地学之果，蔚为大观，实为壮举，必将广布社会，流传长远。人类只有一个地球，只有认识地球、热爱地球，才能保护地球、珍惜地球，使人地合一、时空长存、宇宙永昌、乾坤安宁。

山东省国土资源厅副厅长　（签名）

编著者寄语

★ 地学是关于地球科学的学问。它是数、理、化、天、地、生、农、工、医九大学科之一，既是一门基础科学，也是一门应用科学。

★ 地球是我们的生存之地、衣食之源。地学与人类的生产生活和经济社会可持续发展紧密相连。

★ 以地学理论说清道理，以地质现象揭秘释惑，以地学领域广采博引，是本丛书最大的特色。

★ 普及地球科学知识，提高全民科学素质，突出科学性、知识性和趣味性，是编著者的应尽责任和共同愿望。

★ 本丛书参考了大量资料和网络信息，得到了诸作者、有关网站和单位的热情帮助和鼎力支持，在此一并表示由衷谢意！

科学指导

李廷栋　中国科学院院士、著名地质学家
翟裕生　中国科学院院士、著名矿床学家

编著委员会

目 录
CONTENTS

Part 1 泉之释——泉水知识ABC

泉与地下水/ 2

泉水是地下水的天然露头，要了解泉水，必须知道地下水的一些知识，知道泉水流出地表之前都藏在哪些地方，是如何存在的。

泉称知多少/ 4

并不是所有的泉水都是"泉眼无声惜细流"。在我们生活的地球上，存在着千姿百态的泉水：有的涓涓流细，有的趵突腾空；有的滴水成冰，有的热气腾腾；有的奔流不息，有的断断续续。它们都有自己的专属地质名称。

Part 2 泉之孕——泉水形成追根源

高山上的来客/ 8

"水往低处流"，地下水也不例外。我们看到的泉水，大部分都是雨水从山顶进入地下，潜行数千米甚至数百千米后流出成泉的。让我们看看雨水是怎样历经曲折演变成泉水的。

地球深处的馈赠 / 15

地球是一个蓝色星球，不光地表储存了海量的水，在深处的地幔也同样有水的踪迹。这些水在地下埋藏了千万年后，却又机缘巧合地来到地表。温泉是地球送给人类的一个惊喜。

Part 3 泉之最——中外名泉齐荟萃

世界名泉 / 20

地球那么大，泉水也多种多样，异彩纷呈。有的定时喷发，有的专治杂症；有的深藏海底，有的高入云端；有的鲜红如血，有的形成层层阶地。

中国名泉 / 26

世界上没有哪个国家的人们像中国人这样喜爱泉水。从古至今，国人都把邻近泉水作为生活的优选项，多处泉水被冠以"天下第一泉"的美名。我国泉水种类繁多，既有沙漠清泉、岩溶大泉等地质条件奇特的泉水，也有水火同源、扯雀醉鸟的妙趣之泉。

Part 4 泉之韵——山东泉水呈异彩

济南泉水甲天下 / 36

济南号称"泉城"，泉眼众多，泉水环绕，有着"家家泉水，户户垂杨"的美景。在著名的"十大泉群"和"七十二名泉"衬托下，济南好似漂浮在泉水中的一颗闪亮明珠。

泗水泉林秀齐鲁 / 81

泗水是山东省有名的小泉城，泗水泉林中有"名泉七十二，大泉十八，小泉多如牛毛"。这里也有趵突泉、珍珠泉、黑虎泉，泉水流淌，波光粼粼，与泉城济南遥相呼应。

胶东温泉冠山东 / 83

特殊的地理位置造就了山东的"温泉之乡"——胶东半岛。山明水秀的胶东半岛蕴藏着丰富的温泉资源，这些温泉不仅水温高，泉中还含有丰富的药物化学成分，能治疗多种疾病。

泉海遗珠 / 89

齐鲁大地上，还有一些有名的泉水，并不以大的泉群的形式存在。它们独处一方，同样为山东泉水增添了熠熠光辉。比较著名的有李白寓居的浣笔泉、蒲松龄隐居的柳泉，以及老龙湾、荆泉等。

Part 5 泉之用——美景好水益身心

泉在眼中 / 96

在中国文化中，讲究有山有水，所谓"有山皆图画，无水不文章"，水的存在为山增添了灵秀之气，是大山中一道美丽的风景线。而水的主要来源就是泉，山高水长，泉水叮咚，如此美景，自然少不了文辞诗赋。

身在泉中/ 100

温泉是一剂良药，其中含有多种矿物质、微量元素，甚至无须入口，只要浸泡其中，即可治病救人。古往今来，无论是皇家贵族，还是平民百姓，都对温泉充满了向往。在著名的温泉浴场，人们更是开发出了花样繁多的浴疗方法。

泉在身中/ 106

天然矿泉水不仅能满足人们日常的饮水需要，而且有些泉水饮用后能治疗人体的不适之症。人们又以泉酿酒、烹茗，名泉佳酿、清泉香茗相得益彰。

附录

一、世界名泉录/ 116
二、中国名泉录/ 119
三、山东名泉录/ 123
四、趵突泉诗集/ 127
五、泗水泉林诗集/ 133

参考文献/139

地学知识窗

地下水的有关概念/3　上升泉、下降泉/6　各类泉的出露形式/11　地球的构造/15　层圈水、地质循环/16　间歇泉/18

Part 1 泉之释——泉水知识ABC

在我们的大自然中，分布着万千泉眼，有的藏于深谷，有的露于闹市，有的氤氲咆沸，有的细流无声。一眼泉可以供养一方百姓，可以滋润数万花草树木，可以成就一泓清潭，可以汇入江河湖海。

独特的历程，造就了大千世界形形色色的泉水。你知道泉水是如何形成的吗？你知道地球上有多少种泉水吗？你知道泉水能带给我们怎样的奇特体验吗？让我们走近泉水，去领略泉水、欣赏泉水、品味泉水。

济南泉城广场

"泉，水原也。像水流出成川形。字亦作汜。"

——《说文》

骨刻文　甲骨文　金文　小篆　隶书

△ 图1-1　"泉"字演化

"泉"是一个象形字，最早的骨刻文"泉"字刻画出了涓涓泉水从山崖岩石中流出的样子，经甲骨文、金文、小篆、隶书等字体的演化，形成了我们现在的常用字体（图1-1）。

地下水是泉水的主要来源，也是泉水命名、分类的主要依据。

泉与地下水

泉水是地下水的天然露头，是含水层或含水通道与地面相交而产生的地下水涌出地表的表现，多出露在山间沟谷、河流两岸、河口堆积平原的边缘和断层带两侧。在石灰岩大面积分布地区，岩溶大泉可形成河流的源头，水量较小的泉水可汇合成溪流，流入大河。

形成泉水的地下水，以孔隙水、裂隙水和岩溶水等三种形式存在于土壤和岩石的含水层中。所谓含水层，是指能让水透过的地层，如海绵一般，具有透水和储水的能力，自然界中的沙土、砾石以及裂隙、岩溶发育的岩石都是良好的含水层。与含水层相对的是不能透水或透水性能差的地层，如塑料膜一般，称为隔水层。黏土、页岩、片岩是常见的隔水层，基本不含水。隔水层可将一个含水层分成两个或更多的含水层。

——地学知识窗——

地下水的有关概念

（1）孔隙水：是存在于松散土壤或岩石（如沙土、砾石）颗粒之间空隙中的地下水，一般储水均匀，透水性很高。

（2）裂隙水：是存在于坚硬岩石内部的破裂缝隙中的地下水。

（3）岩溶水：是存在于可以溶解的沉积岩（如石膏、石灰岩、白云岩等）的溶蚀空洞中的地下水。

以上三种地下水的存在形式如图1-2所示。

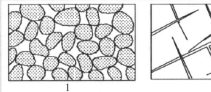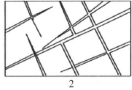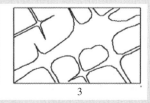

🔺 图1-2　地下水存在形式示意图
　　1.孔隙含水层；2.裂隙含水层；3.岩溶含水层

（4）潜水：是指地表以下，第一个稳定隔水层以上具有自由水面的地下水。潜水主要赋存于地表沙土层、表层岩石裂隙带或石灰岩溶洞中。潜水的自由水面称为潜水面，地表至潜水面间的距离称为潜水埋藏深度，潜水面到隔水底板的距离称为潜水层的厚度（图1-3）。

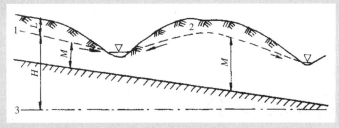

🔺 图1-3　潜水埋藏特征示意图
　　L.潜水埋深；*M*.潜水层厚度；*H*.潜水水位；1.潜水面；2.潜水分水岭；3.潜水位基准面

（5）承压水：是指两个稳定隔水层之间的含水层中的地下水。顶部隔水层的分布范围称为承压区，承压区两端含水层出露区也称为潜水分布区，顶板到底板之间的距离称为承压水层厚度（图1-4）。

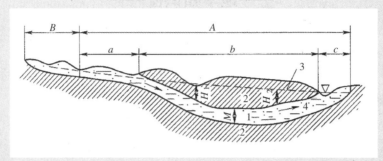

△ 图1-4　承压盆地剖面示意图
A.承压水分布区；a.补给区；b.承压区；c.排泄区；B.潜水分布区；H_1.正水头；
H_2.负水头；M.承压水层厚度；1.含水层；2.隔水层；3.承压水位；4.承压水流向

（6）水位：是水井或者钻孔中出现的水面的高程值。

（7）潜水位：是指某一条剖面线上所有潜水水位高程值的连线。潜水水位线多为连续的圆滑曲线，一般低于地表，是实际存在的。

（8）承压水位：承压水由于顶层隔水层的存在，水位线因存在压力而降低，当钻孔打穿其顶部隔水层进入含水层后，水位会有所上升，根据这个无压水位得到的水位线，就叫承压水等水压线，可高于地表而在实际中不能直接观察到。

（9）径流：地下水在含水层或通道中的流动，我们称之为径流。

泉称知多少

根据泉水的成因和出露形态等，我们对泉冠以不同的名称。下面我们来看看常见的泉水都有哪些名称（表1-1）。

表1-1 泉水分类一览表

分类标准	泉水名称		释 义
按泉水形态	上升泉	断层泉	承压含水层被导水断层所切，地下水在水压作用下，沿断层面或断层裂隙上升至地面而形成的上升泉
		承压侵蚀泉	承压含水层受侵蚀出露地表形成的泉水
	下降泉	侵蚀泉	又称侵蚀下降泉，是因为沟谷侵蚀无压含水层而形成的泉
		接触泉	是因为地形切割达到含水层隔水底板，地下水从两层接触处出露而形成的泉
		溢流泉	是在地下水流前方出现透水性突变，或隔水底板隆起，水流受阻涌溢于地表形成的泉
按地下水类型	岩溶泉		岩溶水在地表的天然露头
	裂隙泉		裂隙水流出地表形成的泉水
按泉温	冷泉		水温低于20℃的自然涌出的地下水
	温泉		严格意义上说，从地下自然涌出的，泉口温度显著高于当地年平均气温的地下水天然露头叫温泉。温泉含有对人体健康有益的微量元素。现代温泉包含从地下抽取的人工加热配比的热水，本书所讲的温泉为自然温泉
温泉按水温	低温温泉		水温25℃~40℃的泉水
	中温温泉		水温40℃~60℃的泉水
	中高温温泉		水温60℃~80℃的泉水
	高温温泉		水温80℃~100℃的泉水
	沸泉		水温100℃以上的泉水
温泉按喷出形式	普通温泉		正常出露的泉水
	间歇性温泉		由于地质原因不能连续出露，断断续续的泉水
	喷泉		泉水温度在沸点以上，喷出高度可达数十米的泉水
	喷气孔泉		喷出物质不是液态水，而是以气体为主，多为二氧化碳和硫化氢
	矿泥泉		温泉水挟带大量黏土，混浊、黏稠，异于常见泉水

——地学知识窗——

上升泉、下降泉

上升泉和下降泉是按泉水出露后的流动形态进行的基本分类，几乎能涵盖地球上所有的泉水。

（1）上升泉：一般为承压泉，上部和下部都有隔水层，受到地下水重力作用，遇孔隙、裂隙等通道就上升并溢出地表形成泉，也就是我们平常说的自然喷泉，如断层泉、承压侵蚀泉等都是上升泉。这种泉的最大特点是泉水从地下向上涌冒，翻水花，冒气泡。地下水受到的压力越大，向上涌出的水量也越多，喷出的高度也越高。宋朝韩拙在《山水纯全集·论水》中提到："湍而漱石者谓之涌泉，山石间有水泽泼而仰沸者谓之喷泉。"著名的上升泉有济南市区内的趵突泉等四大泉群、济南东郊的白泉泉群、章丘的百脉泉泉群等。上升泉的出水量、水温、水质都比下降泉稳定，受季节和气候变化的影响小。

（2）下降泉：是以潜水含水层为补给来源的泉。这种地下水一般埋藏比较浅，上部没有隔水层，降雨后水很快就补给地下水，正像唐诗所云："山中一夜雨，树梢百重泉。"其水流在重力作用下呈下降运动，泉水动态受气象、水文因素影响，有季节性变化。雨多泉大，干旱泉涸，是这类泉的最大特点。人们之所以叫它下降泉，就是因为这种地下水是从泉口自由流出或慢慢地流出地表，没有压力，水在泉池里很平静，不出现冒水泡和气泡现象。溢流泉、侵蚀泉、接触泉均属这种泉。

按泉水的化学成分、酸碱度、功效等标准，也可以对泉水进行分类，其分类依据从名称上看就一目了然，后文我们将进行介绍。

Part 2 泉之孕——泉水形成追根源

泉城济南"家家泉水，户户垂杨"的美景，吸引自古至今万千游人跋山涉水一睹泉城风采。

杨贵妃"春寒赐浴华清池，温泉水滑洗凝脂"，不管春寒料峭还是寒冬飞雪，温泉池里水气氤氲，宽柔而温暖地浸润着热爱温泉的人们。

懒洋洋的间歇泉时有时无，时大时小，考验着观赏者的耐心。

令人疑惑的是，石缝里怎么会涌出清泉？喷泉因何会喷薄而出？温泉为何在寒冷的冬天依然温暖？间歇泉为何经常罢工？这些神奇的泉是怎样形成的呢？

内华达飞翔间歇泉

泉的成因千差万别，不同的地形、构造、地层条件，形成了地球上各具特色、千姿百态的泉。下面我们分别从地下水的浅部径流和深部循环两个方面对泉的成因进行探讨。

高山上的来客

俗话说："水往低处流"。我国地势总体呈西高东低之态，西部以近东西向的喜马拉雅山脉、昆仑山脉和天山山脉（图2-1）为高点，向东呈阶梯状逐次降低至海平面。我国主要河流，如长江、黄河等，也是发源自西部高山，纵有蜿蜒曲折，终向东入海。

地下水的运动，和地表河流一样，大多是依靠水体自身的重力来完成的，从高处向低处运动，遇到合适的地形、地质条件，出露地表形成泉（图2-2）。在平原地区，一般地势平坦，地表以下为巨厚的第四系松散堆积物含水层，地下水类型以潜水为主，因此很难获得足够的重力势能将他处的地下水压出地表而成泉，仅在河流两岸可见少量的地下

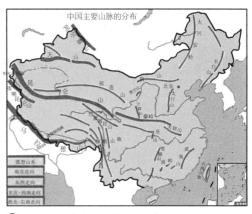

▲ 图2-1 中国主要山脉的分布

▲ 图2-2 水循环示意图

水排泄,与印象中的泉也相去甚远。

自然界中的泉多分布在山区,因为山区岩层的隆起褶皱剧烈、断层发育,岩层经过强烈的风化剥蚀,地形变化大,含水层受到切割、剥蚀露出地表比较普遍,成为地下水的天然出露点,而依靠重力维持的泉水则是名副其实的"高山上的来客"。

1.泉水的补给

天下没有无源之水,泉水要持续喷涌、排泄,必须存在稳定的补给区,补给区海拔高于泉眼。若是潜水成泉,可能泉眼周边就是补给区(图2-3);若是承压水成泉,补给区可能相隔几千米、数十千米,甚至更远(图2-4)。

泉水的补给方式以自然补给为主,多为大气降水。雨水在含水层出露范围内渗入地下,经过不同的径流途径,对泉水进行补给(图2-5)。冰川积雪融化、雨水和海拔高的泉水形成的溪流、河流,在流经含水层或导水断层时都会对低处出露的泉水进行补给。

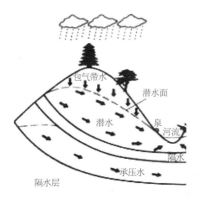

▲ 图2-3 潜水层接受降水补给示意图

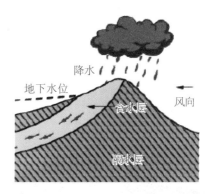

▲ 图2-4 承压含水层接受降水补给示意图

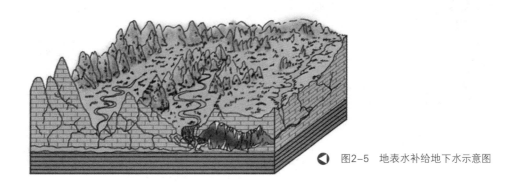

◀ 图2-5 地表水补给地下水示意图

泉水的补给具有明显的季节性，雨季水量充沛，补给量高；雨雪较少的季节，补给量随之减少。

山东省济南市是全国闻名的"泉城"，市区内分布有"七十二名泉"，众泉的补给区多位于市区以南的低山区，含水层多为寒武纪、奥陶纪石灰岩、白云岩等可溶岩。近年来，为让大气降水尽可能多地渗入地下，济南市积极做好南部补给区的水源涵养工作，重点开展植树造林、大力实施人工降雨等工作，通过增加降雨量和降雨入渗时间来增加补给量。

2. 地下水的径流

含水层是地下水径流的载体，其孔隙、裂隙、溶穴、溶沟等则是地下水径流的主要通道，犹如地下河流一般。底部隔水层就是潜在的"河床"，地下水在"河床"以上的含水层中"奔流"，当"河床"出露地表时，地下水多在"河床"与含水层之间出露成泉（图2-6）。

地下水的渗流速度与地势、含水层的透水性能、流经距离等因素直接相关。地势高差大、含水层的透水性能好、流经距离短的地下水，渗流速度就大，一般每天能流动几厘米到几十厘米。大型溶洞中的地下水流速与地表水流相差无几，若出露地表，就会形成岩溶大泉。

▲ 图2-6　地下水径流示意图

——地学知识窗——

各类泉的出露形式

（1）潜水侵蚀泉：地表径流（河流、溪流等）不断向下冲刷、侵蚀、切割潜水含水层，当切割深度低于潜水水位线时（图2-7a、b），地下水就会在此处溢出地表形成泉。

（2）接触泉：地下潜水沿含水层流动，当含水层与隔水层的接触面出露地表时（图2-7c），含水层在此断开，地下水就会出露形成泉。

（3）溢流泉：很多情况下，底部隔水层会出现局部突起（图2-7d）或连续含水层中受断层等因素影响（图2-7e、f）出现隔水层，使地下水的向前流动受到阻挡，含水层厚度变薄或消失，地下水位线在此抬升出地表而溢出形成泉，在山前平原地区较为常见。

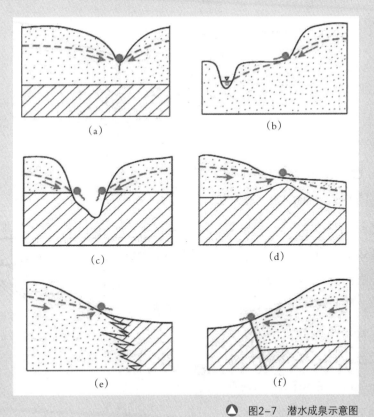

▲ 图2-7 潜水成泉示意图

（4）承压水侵蚀泉：当河流、冲沟等切穿承压含水层的隔水顶板时，就形成承压水侵蚀泉（图2-8）。承压水侵蚀泉与潜水侵蚀泉的区别在于，潜水侵蚀泉为下降泉，而承压水侵蚀泉多为上升泉。

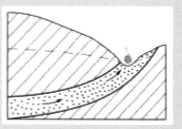

▲ 图2-8　承压水侵蚀泉形成示意图

（5）断层泉：若是完整的隔水层和含水层，承压水只能在含水层出露地表时随之出露成泉，形成承压水侵蚀泉；若恰有断层穿过此隔水层和含水层，并将其切断，形成导水断层，而此处的承压水等压水位又高出地表，那么含水层中的承压水在两侧水压的作用下，将会沿导水断层上爬，涌出地表，形成断层泉（图2-9）。断层泉通常不是孤立的泉眼，沿着断层会出露串珠状的一系列上升泉。

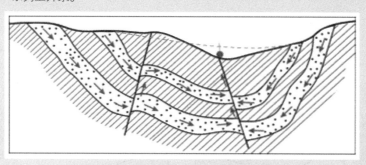

▲ 图2-9　断层泉形成示意图

（6）自流井：自流井的成因与断层泉类似，在承压水的上方，会出现等水压线高出地表的情况，这个区域就是自流盆地。在自流盆地中任何一处建井，只要井底穿过隔水层进入含水层，都会出现地下水自动流出或喷出井口的现象，这样的井就叫自流井（图2-10）。等水压线高出地表越多，地下水涌出的高度就会越大。

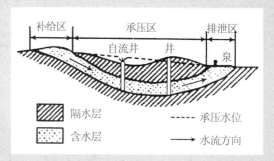

▲ 图2-10　自流井形成示意图

（7）岩溶泉：地球上大面积分布着石灰岩、白云岩等可溶性岩石。山东省内分布的可溶性岩石以寒武纪、奥陶纪石灰岩为主，主要分布在济南-淄博-潍坊一带以及鲁中南泰安、莱芜、济宁、枣庄、临沂等地。可溶性岩石多为浅海沉积岩，主要成分为碳酸钙（$CaCO_3$），碳酸钙可与水、二氧化碳结合，生成可溶于水的碳酸氢钙（$Ca(HCO_3)_2$）。地下水在岩石裂隙中流动，不断地带走碳酸氢钙，然后再溶解碳酸钙，如此反复，裂隙变得越来越宽，形成溶隙（图2-11）；地下水在可溶岩中的渗流越来越通畅，溶隙逐步发展成为溶沟、溶穴、溶洞（图2-12），形成地下暗河（图2-13）。

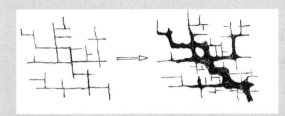

▲ 图2-11 可溶岩裂隙向溶隙转化

▲ 图2-12 可溶岩内部岩溶构造

至此，地下水的流速可媲美于地表水，流量也随之大幅度增加。当可溶岩出露地表形成岩溶泉时，泉水的流量比非岩溶泉大得多，如山西平定娘子关泉流量最大时达15.75立方米/秒（1964年），日流量为136万立方米，是我国流量最大的岩溶泉。根据岩溶泉的分级标准，流量在1万立方米/日以上的岩溶泉，称为岩溶大泉。

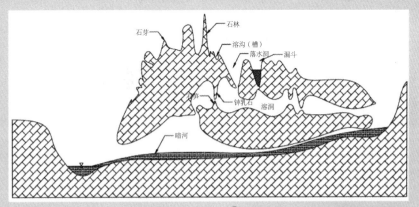

▲ 图2-13 可溶岩分布区形态示意图

3. 泉的出露

"问渠哪得清如许，为有源头活水来"（宋·朱熹）。地下水伏流于地下，不得排泄，一旦遇到出口，就会源源不断涌出地表，形成泉水，但各类泉水的出露形式各不相同。

4. 济南泉群成因

济南总体地势为南高北低，南部山区属泰山余脉，北部延伸至黄河，地下水流向与地形一致，由南向北径流。南部山区分布有厚度达1000米的寒武–奥陶系石灰岩，岩层向北倾斜，岩体内部裂隙、岩溶发育，是良好的含水层，北部为透水性较差的岩浆岩。

以趵突泉、五龙潭泉群为例，其补给区位于锦绣川至千佛山一带。大面积出露石灰岩，地表溶沟、溶槽、落水洞以及岩溶裂隙较多，接受大气降水入渗和上游河流、水库渗漏补给。地下溶洞、溶孔、溶隙及裂隙的分布，为岩溶地下水的汇集流动提供了空间与通道。在济南老城区附近，石灰岩逐步倾伏于巨厚闪长岩之下，闪长岩属岩浆岩，为相对隔水层，透水性能较弱。岩溶地下水顺地势和岩层倾向自南向北流动，遇闪长岩受阻后，在水平运动的强大压力下变为垂直向上运动，沿石灰岩与岩浆岩的接触面上升，通过石灰岩溶隙、接触面、破碎带等通道涌出地表，形成济南诸泉（图2-14）。

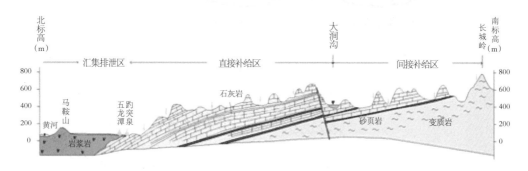

图2-14 济南泉水形成示意剖面图

地球深处的馈赠

地下水的渗流运动，不仅仅在地表浅部进行，有些地下水还会在地质作用下向地球深部径流，甚至到达地表下2 000多千米。地球内部蕴藏着丰富的地下水，研究表明地球深部的储水量要比地表总水量大得多，只是人类目前的科学技术水平还无法有效地进行利用。在合适的地质条件下，深层地下水也会上升至地表形成泉水，多为温泉。

——地学知识窗——

地球的构造

从太空望去，有一颗美丽的蓝色星球，这就是我们的家园——地球。

地球的最外层叫地壳，地壳下面的部分叫地幔，地球最中心的部分叫地核。地球的平均半径为6 370千米。

形象地讲，地球的内部像一个煮熟了的鸡蛋：地壳好比是外面一层薄薄的蛋壳，地幔好比是蛋白，地核好比是最里边的蛋黄（图2-15）。

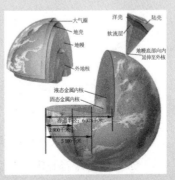

△ 图2-15 地球构造示意图

（1）地壳：地壳由地表土层和各种岩石组成，它的平均厚度约为35千米。一般大陆地区地壳较厚，海洋地区较薄；山区较厚，平原地区较薄。地壳最厚的地区可达60余千米，最薄的地区仅5千米左右（图2-16）。

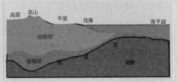

△ 图2-16 地壳结构示意图

（2）地幔：地壳下面是地幔，平均距地面约2 900千米。地幔又分为上地幔和下地幔。上地幔中，其上部主要由一种叫作橄榄岩的非常坚硬的物质组成，它和地壳合称为地球的岩石圈（层），其厚度为80~100千米；其下部由刚性和弹性相对较低的物质构成，在力的长期作用下可能流动，称为软流圈（层）。

（3）地核：地幔以下是地核，也就是地球的中心部分，它又分为外核和内核，内核是由液态和固态金属组成的。

地球内部的温度很高，据推测，最高温度达3 000到5 000摄氏度，越接近地心，温度越高。地球内部的压力也大得惊人，推测最高可达300万个大气压，其中，以地心处最高。那么地球其他部位的温度是如何分布的呢？

通常情况下，随着埋深的增加，温度会逐渐上升，埋深每增加1千米，温度平均上升25摄氏度，一般海洋区的上升幅度高于陆地，火山活动区地温上升最快。

——地学知识窗——

层圈水、地质循环

在这里，要引入层圈水的概念。我们把从大气圈到地壳的上半部的地下水称为表部层圈水，表部层圈水之间的循环，叫水文循环。根据科学家的推算，地球表部层圈水的总量约为14.08×10^8立方千米，97%以上为海洋水。前面所讲的地下水，均属于表部层圈水。

位于地壳的下部到地幔与地核之间的地下水，我们称之为深部层圈水。深部层圈水不是以普通的液态水或水蒸气的形式存在，而是成为一种被压密的气水溶液。地幔软流层中所含有的水分总量相当于海洋水总量的35至50倍。

表部层圈水和深部层圈水之间的相互转化过程，称为地质循环。

深部层圈水的来源包括沉积岩形成过程中的埋藏水、封存水、化石水以及变质岩作用过程中产生的变质水、再生水等。

温泉的形成方式，一般而言可分为两种。

一是地表水渗透循环作用所形成。雨水、河流等地表水渗入地下后，继续下渗，到达地壳深处，地下水受下方的热源加热成为热水。这种水多数含有气体，以二氧化碳为主。当热水温度升高时，上面若有致密、不透水的岩层阻挡去路，会使压力愈来愈高，以致热水、蒸气处于高压状态，遇有裂缝（*如断层、岩石接触面等*）即窜涌而上。热水上升接近地表后压力逐渐降低，使所含气体逐渐膨胀，减小了热水的密度。膨胀的蒸气更有利于热水上升，上升的热水再与下沉的冷水产生对流，使得热水不断上升，在开放性裂隙阻力较小的情况下，就形成了热水的运移通道，热水沿裂隙源源不断上升，最终穿透盖层涌出地面，形成温泉（图2-17、图2-18）。在高山深谷地形下，深谷谷底可能为静水压力差最大之处，热水上涌也以自谷底涌出的可能性最大，所以温泉大多发生在山谷中的河床上。

二是地壳内部的岩浆作用所形成。火山活动过的死火山地区，因地壳板块运动隆起的地表，其地底下还有未冷却的岩浆，会不断地释放出大量的热能。此类热源之热量集中，只要附近有含孔隙的含水岩层，就不仅会受热成为高温的热水，而且大部分会沸腾为水蒸气，多为硫酸盐泉。

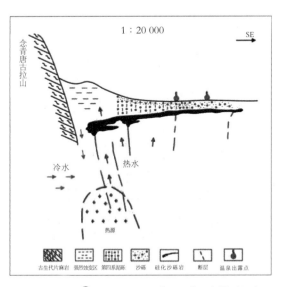

▲ 图2-17　西藏羊八井温泉模型示意图

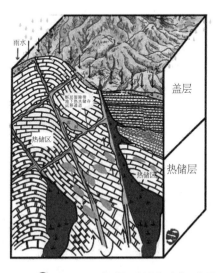

▲ 图2-18　江苏汤山温泉形成示意图

——地学知识窗——

间歇泉

在火山活动地区，有一种奇怪的温泉，它不是持续不断地流出，而是每间隔一段时间喷发一次，这种泉叫间歇泉。它形成的原理就像蒸汽机一样，我们可以把它比作"地下的天然锅炉"（图2-19）。

间歇泉多发生于火山运动活跃的区域。炽热的熔岩会使周围地层的水温升高，甚至化为水汽，这些水汽遇到岩石层中的裂隙就沿裂隙上升，当温度下降到汽化点以下时又凝结成为热水。由于通道比较狭窄，热水无法在通道中自由翻滚沸腾，对流也受到了限制。这些积聚起来的水，形成一股水柱，阻碍了底部水汽的上升；当底部的蒸气压力超过水柱的压力时，高温、高压的水汽就把通道中的热水全部顶出地表，造成强大的喷发。喷发以后，随着水温下降，压力减小，喷发就会暂时停止，又积蓄力量准备下一次新的喷发。就这样每间隔一段时间喷发一次，形成间歇泉。这类泉水喷出的力量较大，喷出地表的高度可达几十米。

间歇泉喷出的水中往往含有矿物质，当水分蒸发或重新渗入地表时，这些矿物质就会沉积下来。随着时间的推移，日积月累的矿物质能形成各种奇怪的形态，像火山锥，像火山口，有时间歇泉还能"制造"出柱形的矿物质沉积物（见7页的内华达飞翔间歇泉）。科学家虽已揭开了间歇泉的神秘面纱，但人们仍为它雄伟而瑰丽的喷发景观所倾倒。

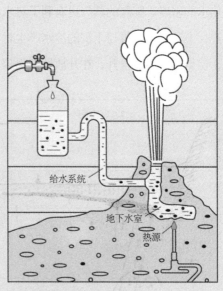

给水系统

地下水室

热源

▲ 图2-19　间歇泉形成示意图
（源自《中国大百科全书》）

Part 3 泉之最——中外名泉齐荟萃

泉水中的明星泉之所以成为明星，因为它们都有独特之处。

比如最有名的间歇泉——美国老忠实泉，世界最大的泉——美国普里斯马蒂克泉，美国海底的淡水泉，神秘的法国卢尔德泉，受动物欢迎的日本地狱谷泉，恐怖的日本血池泉，引人入胜的土耳其鱼群温泉。

我们中国广袤的陆地上也分布着为数众多的各类明星泉。

让我们一起认识这些中外泉水明星吧。

甘肃敦煌月牙泉美景

我们知道，在地球长达46亿年的漫长演化过程中，表面覆盖着不同的含水层、隔水层，内部的活动一刻也没有停歇过，为各类泉水的出露创造了条件。不光我们中国分布着大量泉水，全世界各个国家都有不同类型的泉水分布。下面我们就来看看地球上都有哪些有名的泉水吧。

世界名泉

虽然世界上有很多的国家都有泉水分布，但是很少有国家像中国一样对泉水如此钟爱，哪怕是群山之中的一处细流，也可能形成文字记载。国外的名泉则以温泉为主，且多为间歇泉，主要集中在美国、冰岛、日本等国。

美国的黄石国家地质公园是全球最大的温泉分布区，在面积8 983平方千米的土地上，分布有温泉约3 000处，其中间歇泉大约有500处，包括久负盛名的老忠实泉、大棱镜泉、猛犸温泉、普里斯马蒂克泉等间歇泉。北欧国家冰岛也分布有大量的间歇泉，如著名的斯托里间歇泉就是"间歇泉"一词的起源，还有大间歇泉、斯特罗克尔间歇泉等。日本也是温泉密集的地区，从北到南有2 600多处温泉，其中最著名的是草津温泉、下吕温泉、有马温泉，还有地狱谷、血池等具有特色的温泉。这些温泉与火山活动有密切关系。

1. 最有名的间歇泉——美国老忠实泉

老忠实泉是全世界最负盛名的间歇泉，位于美国黄石国家地质公园内，于1870年沃什布恩-兰福德-多恩探险期间被命名，是黄石国家公园第一个被命名的间歇泉。它每隔几十分钟就会喷发一次，从不失"约"，老忠实泉正是因此而被命名。它这样有规律地喷发了至少200年。

发现之初，老忠实喷泉每隔56分钟喷出一次；多年来，老忠实间歇泉喷发的间歇一直在增加，1939年时平均间隔时间为66.5分钟，现在已经逐渐升至90分钟。这个间歇泉的喷发时间几乎可以非常准确地预测出来，不过需要知道之前的一次喷发持续的时长：喷发持续的时间越久，到下一次喷发出现需要等待的时间就越长。如前一次喷发持续两分钟左右，则与下一次喷发的间隔时间为44～55分钟；如前一次喷发持续3～5分钟，则间隔时间就将推延为70～85分钟。老忠实泉两次喷发之间的间隔最长可达2小时，最短为35分钟。

该泉喷射的最大高度在27.43～56.08米，通常在喷出的前20秒出现。在持续时间很长的喷发过程中，最后几分钟水柱的高度会变得很矮。老忠实泉每次喷发2～5分钟，可喷出近40立方米的热水，水温93℃。它不喷则已，一喷则如万马奔腾，更兼在阳光辉映下，水蒸气闪出七彩颜色，蔚为壮观（图3-1、图3-2、图3-3）。

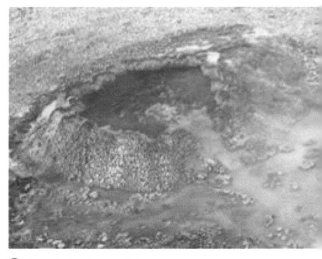

🔺 图3-1　准备喷发的泉口

🔺 图3-2　老忠实泉喷发场面

🔺 图3-3　俯拍老忠实泉

2. 最大的泉——美国普里斯马蒂克泉

普里斯马蒂克泉是迄今为止世界上发现的最大间歇泉，泉眼的周长有90多米，看上去更像一个湖（图3-4），而不像一个泉。喷射出的水柱高达16～90米，直径有18～20米，喷发无规律。泉水颜色从泉眼中心处纯净的深蓝色向岸边逐渐变淡，最后成为绿色。泉盆及泉盆四周微微隆起的沿状地表色彩斑斓、溢彩流光，令人眼花缭乱，目不暇接。

▲ 图3-4　普里斯马蒂克泉

3. 最不可思议的泉——美国海底淡水泉

美国佛罗里达州东海岸的大西洋海底，有块直径达40米的凹地，在其底部有一眼流量很大的淡水泉。由于淡水上涌挤开了海水，形成了一个直径约30米的海中淡水湖，而周围的海水并不与湖水相混，因此，常有航船来此补充淡水。

4. 最神秘的泉——法国卢尔德泉

世界上最著名的矿疗泉，无疑是位于法国南部，供奉着圣母玛利亚的卢尔德泉。卢尔德泉神奇地治愈了许多人的疑难杂症，对此有很多学者和科学家慕名而来，实地进行考察。在人流如潮的泉水洞前体验感悟，人们不禁对大自然的神奇感到深深的敬畏。

卢尔德泉能治病之谜，医学界迄今仍未解开。

5. 最受动物欢迎的温泉——日本地狱谷温泉

该泉位于日本志贺高原的上信越国立公园地狱谷（图3-5），因居住在此的日本雪猴而出名。同人一样，雪猴也喜欢泡温泉，当地拥有全球唯一一处猴子专用的温泉。每到冬天，白雪纷飞时，这些野生猴儿们就会纷纷跳进温泉中取暖驱寒。这些红色面孔的雪猴身披浓密的棕色毛发，攀附在岩石上并将自己浸泡在温暖的温泉中，打着呵欠，看起来特别放松（图3-6）。它们在温泉里互相梳理梳理毛发，帮对方抓抓虱子，相互依偎和帮助，呈现一幅和谐美好的景象。大多数猴子喜欢在温泉里安静地泡着，让温暖的泉水为它们带走寒冷和疲乏，但也有的猴子特别好动，还不时潜入水中寻找食物。

▲ 图3-5　远观地狱谷

6. 最恐怖的温泉——日本血池温泉

血池温泉位于日本别府市，它的奇特之处在于，地下涌出的温泉水都泛着血红色（图3-7），宛如来自地狱一般，所以也叫地狱温泉。血池温泉早在8世纪就以"赤汤泉"闻名，其壮观的景象使得慕名前来的人们驻足欣赏，而几乎忘记此处乃是洗浴场所。

泉水呈赤红色，全得益于水体中富含的铁元素，使得温泉好似一池翻滚的血

▲ 图3-6　温泉雪猴

▲ 图3-7　血池温泉

浆。利用血池温泉水制成的血池软膏可以治疗脚气，在日本很受欢迎。

7. 最大的钙华沉积温泉——美国猛犸温泉

猛犸温泉位于美国黄石国家地质公园自流盆地内，是世界上已探明的最大的碳酸盐沉积温泉。它最显著的特点当属泉前阶地，那是几千年来冷却沉淀的碳酸钙（钙华）所形成的一连串阶地（图3-8）。在高温的酸性溶液流经岩石层到达温泉表面的过程中，它溶解了大量的石灰石；一遇到空气，溶液中的部分二氧化碳就会从溶液中挥发，同时矿物质形成固体并最终以钙华形式沉淀，就形成了阶地。阶地大小不一，形状各异，非常壮观。可惜的是，2002年的一次地壳变动，

使得这里的大部分温泉都不再流淌。

8. 最高的喷泉——哥斯达黎加博阿斯火山喷泉

博阿斯火山位于哥斯达黎加首都圣何塞东南部，山顶海拔2 900多米，是目前世界上最大的活火山口，直径达1 600米。内有上、下两个湖，湖水清澈透亮，环抱于各种绿色植物之中。下面的湖水中含有大量火成岩物质，含酸量很高。由于火山的活动，湖中有时会喷出一阵阵白色气体，发出巨大的沸腾声，接着掀起100多米高的巨大水柱，形成世界上海拔最高的间歇泉（图3-9）。随着气温变化和火山活动，湖水颜色变幻不定，有时呈蓝色，有时呈灰色，据说是由于火山口底部有小的喷发活动造成的。

▲ 图3-8 猛犸温泉钙华阶地

图3-9　博阿斯火山喷泉

9. 最吸引人的温泉——土耳其鱼群温泉

土耳其温泉鱼（俗称"亲亲鱼"），有"鱼医生"的美称，体长5厘米左右，长年生活在35℃～40℃的温泉水中。当人进入温泉池中，鱼儿就会围拢在人体周围，勤勤恳恳（亲亲唔唔）地"工作"，啄食人体老化皮肤和毛孔排泄物（图3-10），从而起到让人体毛孔畅通、排出体内垃圾和毒素的作用；同时还能帮助人体更好地吸收温泉水中的多种矿物质，加速人体新陈代谢，有美容养颜、延年益寿的神奇功效。

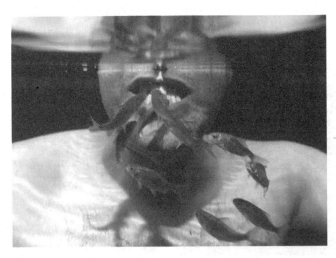

图3-10　鱼群工作

中国名泉

中国地大物博，地壳运动造就了复杂的地质条件，为泉水的出露提供了良好的途径，祖国大地上分布有数不清的泉。据不完全统计，我国泉眼总数在10万个以上，是世界上泉水分布最多的国家。

1. 文化名泉

中国人对泉水情有独钟，有着独具特色的泉文化。山东济南趵突泉、江苏镇江中冷泉、江苏无锡惠山泉和浙江杭州虎跑泉被誉为"中国四大名泉"。另一说是将苏州虎丘观音泉、江西庐山招隐泉、安徽怀远白乳泉加入，合称"七大名泉"。

（1）中冷泉

中冷泉（图3-11）也叫中濡泉、中零泉，位于江苏镇江金山寺外。唐宋之时，金山还是一座小岛，中冷泉也在波涛滚滚的江水之中，是名副其实的"扬子江心第一泉"。清咸丰、同治年间，由于江沙堆积，金山与南岸陆地相连，中冷泉也随之"登陆"。据《金山志》记载："中冷泉在金山之西，石弹山下，当波涛最险处。"苏轼有诗云"中冷南畔石盘陀，古来出没随涛波"，也证实中冷泉确实位于

图3-11　中冷泉

长江之下。长江水自西向东，经石牌山和鹄（gǔ）山二山，分为南、中、北三泠，以中泠泉水最多，故以"中泠泉"统称之。由于长江水深流急，汲取中泠泉水不易。据传汲水须在规定的子、午二时辰，把铜瓶或铜葫芦用绳垂入泉眼中，使之在水中打开瓶盖，才能获得真正的泉水。南宋爱国诗人陆游曾到此留下了"铜瓶愁汲中濡水，不见茶山九十翁"的诗句。用此泉沏茶，清香甘洌，相传有"盈杯不溢"之说：贮泉水于杯中，水虽高出杯口二三分都不溢。

登陆前中泠泉虽位于长江之中，但泉水却不是长江水，而是从江底石灰岩断裂深处涌出，是上升泉中的断层泉。

（2）惠山泉

惠山泉位于江苏无锡惠山寺，原名

漪澜泉，相传它最初是唐大历末年（公元779年）由无锡县令敬澄派人开凿的。此泉水有三处泉池，分称为上、中、下池（图3-12、图3-13）。入门处为泉的下池，开凿于宋代，池壁有一雕工精细的龙头，泉水从龙口中注入下池。龙头后面建有漪澜堂，堂后是闻名遐迩的"二泉亭"，二泉即指惠山泉的上池和中池。上池呈八角形，水质最佳。中池呈不规则方形，相传是唐代高僧若冰发现的，故也称冰泉。在"二泉亭"和漪澜堂的影壁上，分别嵌有元代大书法家赵孟頫和清代书法家王澍题写的"天下第二泉"各五个大字石刻。中国名曲《二泉映月》中的"二泉"说的就是这里。

惠山海拔328米，有九个山峰，如同九条苍龙，山中多出清泉，有"九龙十三

▲ 图3-12 惠山泉上池和中池　　　　　　　　　　▲ 图3-13 惠山泉下池

泉"之说。惠山泉泉水自石英砂岩的裂隙中渗出，含杂质少，透明度高，水质优良，甘美可口。

（3）虎跑泉

浙江杭州群山中，有许多清澈的泉水，著名的有虎跑泉、龙井泉、玉泉、郭婆井和吴山井，其中位于慧禅寺侧院的虎跑泉（图3-14）是杭州各大名泉之首。慧禅寺位于群山之中，虎跑泉是大慈山砂岩裂隙水遇虎跑断层后上溢出露形成的，为断层泉。杭州地区湿润多雨，虎跑泉地处低洼，长年有水，测定流量为43.2～86.4立方米/日。

虎跑泉原有三口井，后合为二池。在主池泉边石龛内的石床上，性空和尚的石像慈面银须，双目微闭，手捻佛珠，头枕右手，侧身卧睡，神态安静慈善，有种静里乾坤不知春的超然境界；同时，栩栩如生的两只老虎正从石龛右侧向入睡的高僧走来，形象亦十分生动逼真。这组"梦虎图"浮雕（图3-15）寓神仙给性空托梦，派遣仙童化作二虎搬来南岳清泉之典。可谓"虎移泉眼至南岳童子，历百千万劫留此真源。"

2. 地质名泉

从地下水的补给径流到泉水的形成，离不开地质作用的"铺路搭桥"。神奇的地质条件造就了各种地质名泉，下面我们一起看看我国著名的地质名泉。

（1）月牙泉

月牙泉（图3-16）古称沙井，位于甘肃敦煌沙鸣山，2 000多年前已有历史记载。自汉朝起即被列为"敦煌八景"之一，得名"月泉晓澈"。月牙泉水面南北

▲ 图3-14　虎跑泉

▲ 图3-15　梦虎图

长近100米，东西宽约25米，泉水东深西浅，最深处约5米。因为泉水形成的湖面形状酷似月牙，湖岸弯度饱满，如新月一般，因而得名。泉水清冽甘美，澄澈碧绿，有"沙漠第一泉"之称，因"泉映月而无尘""亘古沙不填泉，泉不枯竭"而成为奇观。其中最奇特的是，月牙泉虽然周围沙山连亘，几千年来多历强风，却"沙填不满"。原来，月牙泉北、西、南三面皆山，只有东面是风口。当风从东面吹来时，受到高大的沙山阻挡，气流只能在山中旋转上升，把山下的细沙带到山顶，并与山外吹来的风相平衡。这样，山顶的沙不可能被风吹到山下，从而失去了形成流沙的条件，造成沙泉共存这一奇特的自然景观。

（2）娘子关泉

娘子关泉位于山西平定娘子关镇。娘子关是我国万里长城第九关，因历史上李渊之女平阳公主率娘子军驻扎于此而得名。娘子关泉是由32个泉眼组成的泉群，属侵蚀构造下降泉，泉群多年平均流量12.04立方米/秒，每天出水量约为104万立方米，是中国北方最大的泉水。泉群中11个主要的泉口为：坡底泉、程家泉、坡西泉、五龙泉、石板磨泉、滚泉、河北村泉、桥墩泉、禁区泉、水帘洞泉和苇泽关泉。其中水量最大、最为壮观的泉当属水帘洞泉（图3-17），泉眼高出地面达30米，日出水量达24万立方米，泉水凌空而下，散落成千万条玉线，形成一挂宽65米的飞瀑，明朝曾有诗云："娘子关头水拍天，老君洞口赤露悬。惊雷激浪三千丈，洞里仙人不得眠。"

娘子关泉群泉域面积大，约3 800平方千米，含水层为奥陶纪石灰岩。得益于广阔的补给面积和良好的含水条件，娘子关泉群出水量较为稳定，但近年来随着地下水位下降，泉群出水量明显减少。

（3）喊泉与含羞泉

贵州施秉有奇特的"喊泉"（图3-18），据说只要在泉口大喊一声，泉水便汩汩涌出，且当呼喊的音量大而长时，泉水拥出量多；音量小而短时，泉水涌出量少。

四川广元有一股受震动就蜷缩的含羞泉（图3-19）。据说只要把一块小石头往泉水里一扔，泉水受到回声与波震的影响，会缓慢地缩回去，水面降低，就像一位见了生人就脸红的姑娘一样羞羞答答地躲起来。过一会儿后，泉水又慢慢涌出，由细变粗。

实际上，喊泉和含羞泉都是一种间歇泉，泉水时断时续，时有时无，不一定

▲ 图3-16 月牙泉美景

▲ 图3-17 娘子关水帘洞泉

▲ 图3-18 喊泉

要有声音或震动才出现，即使没有声音或震动，它们最终也会出现。

这类泉一般都是在一些岩洞特殊的地质结构中，地下水不断注入岩洞中，形成储水池。受水表面张力作用，池中水平面高出岩洞边缘，达到一定程度后，高出的水体就会溢出，形成间歇泉。如果受到声音或震动的影响，可能提前打破平衡状态溢出，仿佛是被"喊"出来一般，形成喊泉；如果泉水还有其他的排泄渠道，声音或震动使水从这些渠道流走，就像是被"吸"回去一般，形成含羞泉。

（4）绒玛温泉

作为地质作用的产物温泉从古至今受到人们的推崇，因其高于自然水体的温度和富含的矿物质成分而具有疗养、美肤等功效。最新的调查结果表明，我国（包括台湾省）现有大于或等于25℃的温泉2 200处，除上海和天津两市无温泉出露外，其他各省市均有分布。

我国历史上对温泉的使用可追溯到秦汉时期，分别建有骊山汤和汤泉宫，而真正盛行时期则始于唐朝。我国有世界上海拔最高的温泉——西藏绒玛温泉。

绒玛温泉位于西藏那曲地区尼玛县绒玛乡境内，是世界上迄今为止发现的海拔最高的温泉，它的海拔有4 800米。

由于地理位置独特，这里人烟稀少，来此泡温泉的人多为当地人，几乎不见外人。温泉由十多个泉眼组成，水温50℃，温泉周边有数十座泉华堆、泉华柱和泉华台阶（图3-20）。当地牧民把这处温泉视为能治百病的神泉，尤其是对皮肤病疗效显著。

3. 妙趣之泉

除享誉全国的名泉外，还有些奇特的泉水，由于成因的差异，表现出了不同的物理、化学性质，也因此成为旅游界的宠儿，甚至可以成为一座城市的名片。让我们一起去看看这些"身怀异术"的泉。

（1）水火泉

水火泉位于台湾省台南县，泉水本身是一处温泉，水温可达84℃，泉水口感极差，既苦又咸。泉水流进一个小池里，滚滚若沸，如果在水面上点燃一根火柴，火焰就能在水面熊熊燃烧，数分钟不熄。此奇景让人目瞪口呆，被称为水火同源，得名水火泉（图3-21）。

出现水火同源的奇景可能与水中携带可燃气体有关。在地下高压状态下，不溶于水的可燃气体甲烷被压入地下水，和地下水一起迁移，又沿着通道上升到地表。在常态下，甲烷的密度是0.717克/升，极难溶于水，含甲烷的地下水出露地

▲ 图3-19 含羞泉

▲ 图3-20 绒玛温泉

▼ 图3-21 水火同源的水火泉

表后，因压力条件发生了变化，甲烷自水中逸出，遇明火即可燃烧。

（2）蝴蝶泉

蝴蝶泉位于云南大理，西靠苍山，东临洱海，是地下岩溶水受阻后上溢形成的。泉池二三丈见方，四周用大理石砌成护栏（图3-22）。泉水清澈见底，一串串银色水泡自沙石中徐徐涌出，汩汩冒出水面，泛起片片水花，出水量约1 500立方米/日。蝴蝶泉之奇在于蝶，每年农历四月至五月间，会有成千上万的蝴蝶前来聚会，尤其是四月十五这一天，若遇天气晴和，更是盛况空前，不仅蝴蝶多得惊人，而且品种繁多，应有尽有，汇成了蝴蝶的世界。清代诗人沙琛在《上关蝴蝶泉》诗中赞道："迷离蝶树千蝴蝶，衔尾如缨拂翠漪。不到蝶泉谁肯信，幢影幡盖蝶庄严。"

（3）毒气泉

云南腾冲曲石附近有一处被人们称为"扯雀塘"的泉（图3-23），是罕见的毒气泉，其喷气孔附近常见被毒死的老鼠和雀鸟。科学工作者曾把一只壮鹅放在扯雀塘毒气孔上，五分钟内鹅就窒息而死。这类泉水在腾冲有两处，另一处叫"醉鸟井"。

扯雀塘和醉鸟井为什么会有如此杀

图3-22　蝶泉共舞蝴蝶泉

图3-23　扯雀塘

伤力？早前的说法是这两处毒泉所逸出气体的主要成分是硫化氢、二氧化碳、一氧化碳，此外还有少量的二氧化硫、烃和汞蒸气等，这些气体除二氧化碳外都具有毒性，是伤害生命的罪魁祸首。但是2011年中央电视台《地理中国》栏目组拍摄了纪录片《寻找"毒泉"》，对腾冲扯雀塘进行了测试，结果表明，逸出气体不含有毒气体，主要成分为二氧化碳，由于空气不流通，进入其中的动物因窒息而死。毒气泉是火山活动的产物，在晚期火山中，熔岩已无力再喷发了，熔岩中的气体在岩浆冷凝后沿断裂缝隙上升，聚集后排出地表就形成了"毒气泉"。

除了上述奇异的泉水，我国还有许多与众不同的泉。

由于特殊的地质构造，在很多的泉水出露区，相邻的两泉或同一眼泉中，泉水会在口感、观感、水温等方面发生很大的变化，形成雌雄泉（四川新宁）、姐妹泉（河南郑州）、双井（河北保定）、观音井（四川保宁）、双味泉（江西于都）。最为奇特的泉水当属江西省永丰县的九峰山脚下的五味泉，一泉五味：初饮泉水，甜味适中，沁人心脾；细细品味，就会感觉辣嘴麻舌；咽下后又有点苦；打个嗝却会泛酸，五味分明，令人称奇。

有些泉在地下时水温高，溶解了大量纯净碳酸钙，涌出后水温骤降，在泉口周围析出沉淀，长年累月后形成蔚为壮观的钙华台。在香格里拉县城东南101千米处，有一处大型的泉水钙华台，叫"白水台"，远远看去，就像层层梯田，面积约3平方千米，是我国最大的泉华台地（图3-24）。

在特殊地理环境中因地表气温低，地下冷泉涌出后立即成冰而形成罕见的冰泉。陕西省蓝田县有名的冰泉，泉水一年四季温度都在零下，即使在炎炎烈日的夏季，水落井底，也会立刻结冰。

广西桂平西山乳泉，泉中会突然冒出一串串白色乳状的泡沫，泉水就好像一锅煮沸的牛奶（图3-25），持续三四分钟后逐渐清澈。科学分析后，发现白色乳状泡沫是氡气泡，由放射性元素镭衰变而来，随地下水喷出。

▲ 图3-24 白水台

▲ 图3-25 乳泉

Part 4 泉之韵——山东泉水呈异彩

　　齐鲁大地，人杰地灵，泉水也是数不胜数，美不胜收。

　　在济南，有趵突泉为首的十大泉群及七十二名泉；在胶东，即墨、招远、龙泉、文登以及威海温泉遍布；在泰山，既有温泉，也有历史悠久的浣笔泉、老龙湾、柳泉、玉泉、荆泉。

章丘梅花泉

　　山东省是全国泉水出露较多的省份，在鲁中南低山丘陵区及其与平原的接触地带，多为裂隙岩溶发育的石灰岩地区，泉水分布十分广泛。据统计，全省泉水总流量在102万～140万立方米/日之间，流量大于1 000立方米/日的泉水就有40处之多。济南泉群、明水泉群、泗水泉群、临朐老龙湾泉群、淄博龙湾泉群和滕州荆泉泉群等处的泉水流量在5万立方米/日以上。滕州羊庄泉群、枣庄十里泉、邹县渊源泉、新泰官里泉、大汶口上泉、淄博神头泉、沂源南峪泉、沂南铜井泉等十余处的泉水流量在1万立方米/日以上。济南泉群出水量为全省之最，每昼夜涌出泉水达34.5万立方米，平均每秒钟就有4立方米的泉水涌出。

　　山东有比较丰富的地热资源。据统计，全省共有天然露头温泉17处，主要分布在胶东地区。流量最大的文登市北汤，日流量达900立方米以上。

济南泉水甲天下

说到泉水，人们都会情不自禁地联想到"泉城"济南。济南泉水之多，超乎人们的想象，几乎到处溪流纵横、泉水淙淙。清末刘鹗在《老残游记》中的描述是"家家泉水，户户垂杨"，这可谓是当时的真实写照。在趵突泉公园和五龙潭公园所在地，丰水季节泉水甚至从大街小巷的石板路缝隙中涌出，满街横溢，让无数老济南人铭记于心，难以忘怀。

济南泉水是中国历史上最早有文字记载的泉水，其文字记录可上溯至商代，已有3 500年历史。春秋时期，鲁国国君鲁桓公与齐襄公曾"会于泺"（《春秋》），"泺"即为泺水，其发源地就是今天的趵突泉。历经几千年的历史变迁，趵突泉依旧喷涌不息。

早期的济南泉水是指旧城区的四大泉群,分别为旧城区的趵突泉泉群、五龙潭泉群、珍珠泉泉群、黑虎泉泉群,分布范围东起青龙桥,西至筐市街,南至正觉寺街,北到大明湖,包括了大小泉池108处。2004年,将济南市辖区内的白泉泉群、涌泉泉群、玉河泉泉群、袈裟泉泉群、百脉泉泉群和洪范池泉群纳入济南泉水,合称济南十大泉群(图4-1)。据记

载,济南市辖区共有泉水645处,其中526处分属十大泉群。

1. 十大泉群

(1)趵突泉泉群

趵突泉泉群为济南十大泉群之首,分布于济南市趵突泉南路、徐家花园街、泺源大街、共青团路之间,分布面积约17万平方米(图4-2)。该泉群包括趵突泉及其附近的皇华泉、柳絮泉、金线泉(新)、卧牛泉、漱玉泉、马跑泉、无

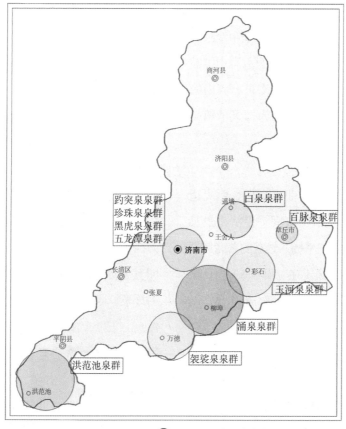

图4-1 济南市十大泉群分布示意图

37

忧泉、石湾泉、湛露泉、满井泉、登州泉、广会杜康泉（北煮糠泉）、望水泉、洗钵泉、浅井泉、混沙泉、灰池泉、北漱玉泉、东高泉、酒泉、饮虎池、泉亭池、尚志泉、螺丝泉、花墙子泉、青龙泉、道林泉、白云泉、白龙湾、围屏泉、对康泉、井影泉、劳动泉、沧泉、迎香泉、家院泉、户涟泉等38泉，其中有27处集中分布在趵突泉公园内，前14处被列入济南新"七十二泉"，分列第1至14位。

趵突泉像济南市的"心脏"一样，终年跳动不息。趵突泉与镇江的中冷泉、无锡的惠山泉和杭州的虎跑泉并称中国四大名泉。它还与镇江的中冷泉、庐山的谷帘泉和北京的玉泉并列为"天下第一泉"。

（2）珍珠泉泉群

珍珠泉泉群位于曲水亭街、西更道街、芙蓉街、院前街之间，是济南最具"家家泉水，户户垂杨"景观的著名风景区——珍珠泉景区所在（图4-3）。该泉群包括泉池21处，即珍珠泉、散水泉、溪亭泉、濋泉、濯缨泉（王府池子）、玉环泉、芙蓉泉、舜泉（舜井）、腾蛟泉、双忠泉、感应井泉、灰泉、知鱼泉、朱砂泉、刘氏泉、云楼泉（白云泉）、不匮泉、广福泉、扇面泉、孝感泉、太极泉。

其中，前10处为济南新"七十二泉"所收载，分列第15至24位。

（3）黑虎泉泉群

黑虎泉泉群位于南护城河东段。沿护城河两岸，东起解放阁，西至南门桥东，共长约700米（图4-4）。泉群包括泉池18处，依次为：白石泉、玛瑙泉、九女泉、黑虎泉、琵琶泉、南珍珠泉、任泉、豆芽泉、五莲泉、一虎泉（缪家泉）、金虎泉、胤嗣泉、汇波泉、对波泉、古鉴泉、溪中泉、苗家泉、寿康泉。其中，黑虎泉、琵琶泉、玛瑙泉、白石泉、九女泉等5泉为济南新"七十二泉"所收载，分列第25至29位。泉群周围主要景观和名胜古迹有环城公园、解放阁、清音阁、五莲轩等，是济南甚具特色的游览胜地。

（4）五龙潭泉群

五龙潭泉群位于泺源桥以北，护城河西侧（图4-5）。泉群包括泉池29处，即五龙潭、古温泉、贤清泉、天镜泉、月牙泉、西蜜脂泉、官家池、回马泉、虬溪泉、玉泉、濂泉、七十三泉、潭西泉、净池、醴泉、洗心泉、静水泉、东蜜脂泉、青泉、赤泉、井泉、泺溪泉、金泉、裕宏泉、东流泉、北洗钵泉、显明池、晴明泉、聪耳泉。其中，前11处为济南新

▲ 图4-2 趵突泉泉群泉水分布图

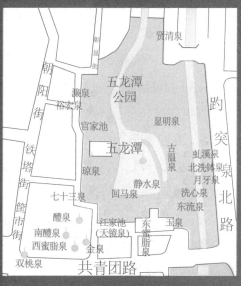

▲ 图4-5 五龙潭泉群泉水分布图

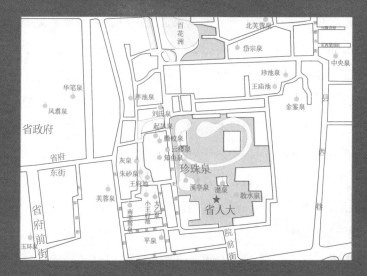

◀ 图4-3 珍珠泉泉群泉水分布图

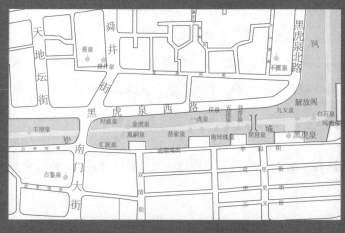

◀ 图4-4 黑虎泉泉群泉水分布图

"七十二泉"所收载，分列第30至40位。

（5）白泉泉群

白泉泉群分布于济南市东郊王舍人镇以北，东起梁王庄，经冷水沟，西至张马、大辛庄、水坡，为长约9千米、宽约3千米的狭长地带。这一地带，当地亦称作张马湖，有泉数十处，主要有16处泉，其中，华泉、白泉为济南新"七十二泉"所收载，名列第41位、第48位。

（6）涌泉泉群

涌泉泉群包括柳埠、锦绣川、西曹、仲宫、高而等乡镇区域内的115处泉，主要泉水有涌泉、苦苣泉、避暑泉、突泉、泥淤泉、大泉、圣水泉、缎华泉、醴泉、圣池泉、南泉、簸箩泉、穆家泉、西老泉、悬泉、南甘露泉、琵琶泉、柳泉、车泉、阴阳泉、凉水泉、四清泉、百花泉、拔楔泉、智公泉、枣林泉、盛泉、黄鹿泉、虎洞泉、雪花泉、藕池泉、锡杖泉、水帘洞泉、神异泉、滴水泉、丰乐泉、枪杆泉、咋呼泉、大花泉、试茶泉、卧龙池、冰冰泉、水泉、凉湾泉、鹿跑泉、苦梨泉、三龙潭、熨斗泉等。其中，前8处为济南新"七十二泉"所收载，分列第49至56位。

（7）玉河泉泉群

玉河泉泉群包括历城区彩石、港沟区域内方圆20平方千米的36处泉，包括玉河泉、淌豆泉、玉漏泉、东流泉、老玉河泉、响呼噜泉、东泉、黄路泉、猪拱泉、虎门泉、忠泉、响泉、黄歇泉、卢井泉、义和泉、黑虎泉。其中，玉河泉为济南新"七十二泉"所收载，列为第57位。

（8）百脉泉泉群

百脉泉泉群是济南市东部最大的泉群，位于章丘市驻地明水镇，包括百脉泉、东麻湾、墨泉、梅花泉、西麻湾、净明泉、漱玉泉、龙湾泉、金镜泉、灵秀泉、荷花泉、眼明泉、大龙眼泉、小龙眼泉、饭汤泉、筛子底泉、鱼乐泉、卸甲泉、盘泉、白泉等156处泉，其中，百脉泉、东麻湾、西麻湾、墨泉、梅花泉和净明泉等6泉为济南新"七十二泉"所收载，分列第58至63位。

（9）袈裟泉泉群

袈裟泉泉群包括长清区灵岩寺、五峰山、莲台山等60处泉，包括袈裟泉、卓锡泉、清泠泉、檀抱泉、晓露泉、滴水泉、甘露泉、双鹤泉、白鹤泉、上方泉、朗公泉、牛鼻泉、龙居泉、双泉、王家泉、长寿泉、卧龙泉、段家泉、白虎泉、润玉泉、糠沟泉、惠泉、玉珠泉、青龙泉、胜天泉、马山泉等名泉，其中，袈裟泉、卓锡泉、清泠泉、檀抱泉和晓露泉等

5泉为济南新"七十二泉"所收载，分列第64至68位。

（10）洪范池泉群

洪范池泉群包括平阴县辖区内的37处泉，包括洪范池、书院泉、扈泉、日月泉、姜女泉、天池泉、墨池泉、天乳泉、白雁泉、拔箭泉、莲花池、丁泉、狼泉、长沟泉、白沙泉等名泉。其中，洪范池、书院泉、扈泉和日月泉等4泉为济南新"七十二泉"所收载，分列第69至72位。

2. 七十二名泉

最早记载"七十二泉"的，是元代于钦所编纂的《齐乘》，其中指明济南七十二名泉之说源于金人《名泉碑》，并将七十二泉所在处进行一一详述。

随着岁月的流逝，济南市的泉涌条件发生了变迁，《名泉碑》所录部分名泉名存实亡，而一些新出的泉水进入了人们的视线。明代晏璧所作《七十二泉诗》，对七十二名泉进行了修正，真实而生动地记录了明代前期济南名泉的分布状况。

清代在济南任同考官的郝植恭又作《济南七十二泉记》，对七十二名泉再一次进行修正。

2003年11月20日，济南名泉研究会、济南市名泉保护管理办公室等单位将济南新七十二泉初步评定结果向社会公示；

2004年4月4日，又向社会公示了最后评定结果，这是济南"七十二泉"的第四个"版本"。济南名泉泉群的划分也由传统的四大泉群扩大为十大泉群。下面依次介绍新评定的"七十二名泉"（泉名后括号中的数字为该泉的序号）。

（1）趵突泉（1）

趵突泉位于济南市旧城外西南隅，居七十二泉之首，又名槛泉，古称泺，为古泺水的发源地。泉水从地下岩缝中涌出，三窟并发，浪花四溅，声若隐雷，势如鼎沸。北魏郦道元《水经注》中形容为"泉源上奋，水涌若轮"。宋代文学家曾巩任齐州知州时，在泉边建了泺源堂（图4-6），并赋予泺水"趵突泉"的名称。

▲ 图4-6　泺源堂

"趵突"，即跳跃奔突之意，反映了趵突泉三股泉水迸发、喷涌不息的特点（图4-7），不仅字面古雅，而且音义兼顾，仿佛眼前就有泉水喷涌跳跃、突突有声。

趵突泉泉水自三个泉眼喷涌而出，汇水成潭。三股水流喷出潭面，如玉盘堆雪，声若隐雷，昼夜喷涌，最高时能喷出1米以上，最大日涌水量达24万立方米。为什么会有三股泉水呢？经地质勘查，趵突泉处地下0～8米为沙砾、土层，8～80米为灰岩。8～30米之间岩溶裂隙、溶洞特别多，最大的溶洞有1米多高，这些裂隙、溶洞成了地下水集中和上升的通道。上升的地下水流，从相距2.3米的两个洞隙中源源不断地蹿出地面，形成趵突泉的南泉和北泉；北泉的洞隙又分成两支，相距0.3米，又被称作北泉和中泉，最终有三股泉水喷薄而出。这三个泉眼，都已经用钢管进行了加工和整饬，出水泉口标高26.49米。

泉水温度终年保持在18℃左右，严冬时节水面上云蒸雾润，像笼罩着一层薄薄的烟雾（图4-8）。清代文学家蒲松龄形容趵突泉是"海内之名泉第一，齐门之胜地无双"。

趵突泉水质清冽甘醇，含菌量极低，是理想的天然饮用水，可直接饮用，也是沏茶佳品。据传，清代乾隆皇帝南巡时，一路携带北京玉泉水饮用，到山东济南后却改饮趵突泉水了。

趵突泉公园始建于1956年。先后疏浚扩建了东、西两个泉池，改装趵突泉泉口，对吕祖庙、娥英祠、来鹤桥、观澜亭、蓬山旧迹坊等古建筑进行维修，修建新金线泉，修复皇华泉、卧牛泉。公园面积约3 000平方米。后来又将尚志堂、李

▲ 图4-7 趵突腾空

▲ 图4-8 云蒸雾润

图4-9 天尺亭

图4-10 双御碑

清照纪念堂、沧园、万竹园等划归趵突泉公园，景区也随之进行了装修扩建，修复了马跑泉、无忧泉、满井泉、登州泉、酒泉、湛露泉、石湾泉、北煮糠泉（广会杜康泉）、花墙子泉等名泉，新建了白雪楼及戏台、济南惨案纪念堂等建筑，公园占地面积扩至10.6公顷。公园内有一座天尺亭，为古代园林盝顶式三角亭，高6.3米，对角宽3米，内盆半径3.8米，外盆半径5.8米（图4-9）。亭内安装了电子观测仪，专门用于观测趵突泉地下水位。

观澜亭坐落于趵突泉西边，绿瓦红柱，建于明代。亭后石碑上刻着明代书法家张钦所书"观澜"二字，亭北石碑上则是清代王钟霖所书"第一泉"三字，亭南"趵突泉"三字则为明代胡瓒宗所书。亭内有石桌、石凳供人休息赏泉。站在亭内俯视趵突喷涌，溅珠喷玉，声如雷鸣，游鱼浮沉，情趣无限。康熙皇帝南下过济南，登观澜亭，并题留"激湍"两个大字（图4-10）。

细心的游客会发现，观澜亭右侧石碑所书"趵突泉"中的"突"字，与我们在课本上所学的"突"字不一样，"穴"和"犬"上面分别少了一点（图4-11）。为什么会出现这种情况呢？民间传说是因为古时趵突泉喷泉之水高达数丈，几次立碑都被冲倒了。明朝时济南府请山东巡抚胡缵宗书写立碑，因为胡巡抚是甘肃天水之人，又是山东大吏，想以他之笔，标趵突泉之名，并压住这汹涌不息的趵突泉水。胡擅书大楷，字写成后，济

图4-11　趵突泉石碑

图4-12　大明湖石碑

南石匠选上好石材刻碑。端午这天，知府官吏把刻有"趵突泉"的石碑竖立在趵突泉源头。不久却发现，"突"字的两点被腾空的泉水冲走了。据说这两点被冲到了大明湖，所以"大明湖"变成了"大明湖"（图4-12）。当然这只是传说。关于"突"字少两点，还有其他的说法，一是寓意"劲挺柱涌"的三股水把"盖子"顶掉了，表达济南人的愿望，希望趵突泉永远喷涌，没有尽头；二是为了字体结构平衡或者美感，书法家经常会有加笔和减笔的情况，不能说是错误，只是书法艺术的创作。

泺源堂位于趵突泉池北岸，始建于宋，清代重建。它是一座具有我国北方民族特色、雕梁画栋、翼脚高翘的阁式建筑。泺源堂原名吕祖庙，供奉八仙之一吕洞宾，1957年重新修缮后改名"泺源堂"。堂前包柱上刻有元代赵孟頫撰联："云雾蒸润华不注，波涛声震大明湖"。后院壁上嵌明清以来咏泉石刻若干。

作为我国有名的历史名城，济南市历朝历代生活过数不清的名人，他们是历史长河中的璀璨明珠，共同造就了济南深厚的文化底蕴，值得我们永远怀念。趵突泉公园中就设有李清照纪念堂、白雪楼、济南惨案纪念堂、王雪涛纪念馆、李苦禅纪念馆等多处场馆，以纪念这些历史文化名人。

虽然趵突泉是济南市日出水量最大的泉水，但是随着地下水位的下降，趵突泉也出现过停喷现象。下面让我们了解一下趵突泉的喷涌历史：

● 1967年以前，济南市区地下水开采量较小，市区地下水位年平均水位标高达28.5～31.5米，泉水喷涌壮观，平均每天泉流量达30万～35万立方米，属高水位大流量常年喷涌期。

● 1968～1975年，济南市地下水的开采规模逐渐扩大，市区地下水位、泉水流量较前一阶段有较大下降，泉水的喷涌景象不如以前壮观，但地下水仍然保持在平均28.0米以上，日出水量15万～20万立方米，属较高水位中等流量常年喷涌期。但连续两年大旱造成地下水位下降，趵突泉在1972年旱季出现了首次短期停喷，1973年也曾出现停喷。

● 1976～1980年，随着地下水开采量的继续增加，地下水位不断降低，年平均水位由28米下降到27米左右，趵突泉进入中等水位较小流量季节性出流期。

● 1981～1998年，虽然政府采取了控制地下水开采的措施，但是趵突泉仍进入了低水位长期断流期，泉水出流与断流交替出现，年平均地下水位仅26～27米。

● 1999～2002年，尤其是前两年多的时间，济南市地下水位一直处在趵突泉出流标高26.8米以下，创造泉水断流926天的最高纪录，属持续低水位泉水枯竭期。

● 2003年至今，济南市保泉措施上升到前所未有的高度，出台了《济南市名泉保护条例》，趵突泉水位持续上升，自2003年9月后，再未出现停喷现象，趵突泉再次进入高水位大流量常年喷涌期。

（2）金线泉（2）

趵突泉公园中，有两处名泉都称作"金线泉"，一处是位于尚志堂和皇华轩之间的老"金线泉"，一处是位于老金线泉以东20米，与柳絮泉相邻的"金线泉"。

既然名为"金线"，我们就看看它的金线到底在哪儿。宋代吴曾在《能改斋漫录》中对此泉进行了生动的描述："齐州城西张意谏议园亭有金线泉。石甃方池，广袤丈余，泉乱发其下，东注城濠中。澄澈见底，池心南北有金线一道，隐起水面，以油滴一隔，则线纹远去。或以杖乱之，则线辄不见，水止如故，天阴亦不见。"

古人所述多为老金线泉，该泉的"金线"，在明清时期尚能清晰地见到，但后来因为改建泉池，原泉基底遭到破坏，使泉池水面随之缩小，水势减弱，"金线"从此消失。

到了1956年，趵突泉正式扩建为公园。有人在原金线泉东约20米处一所石砌雕刻的小池中，发现了新的"金线"，这所泉池（图4-13）便荣膺新的"金线泉"。

（3）皇华泉（3）

"皇华"是古时对帝王派出使臣的尊称。上溯2000多年前，帝王或国君派使者外出，均要用礼乐相送；所到之处，由地方官吏率民众夹道相迎，因为他是带着帝王或国君的光华远道而来的。

皇华泉（图4-14）位于趵突泉公园内柳絮泉西，皇华轩门前东侧，与卧牛泉相对。泉池呈长方形，长6.3米、宽4.1米，池深2.1米。池内北壁嵌"皇华泉"石刻，为济南当代著名书法家魏启后题写。泉水通过地下通道缓缓流入南侧枫溪。

在老一辈济南人的口中，皇华泉是古代济南人用来纪念大舜的。据说在虞舜时期，历山下有三条毒蛇残害百姓，舜率领勇士将它们斩除，使天下复归太平，老百姓得以安居乐业。后人为纪念舜为民除害，恩泽于世，便把趵突泉边的这处清泉命名为"皇华泉"了。

（4）柳絮泉（4）

李清照纪念堂之南30米处，是"七十二泉"中被列为第四泉的柳絮泉（图4-15）。为何称之为"柳絮泉"呢？清乾隆《历城县志》说该泉"泉沫纷翻，如絮飞舞"，晏壁形容其为"东风三月飘香絮，一夜随波化绿萍"。再者泉池四周垂柳相伴，每至阳春三月，岸上柳絮飘飞，池中泉沫如絮，因此得到"柳絮泉"这富有诗意的名字。

柳絮泉北边是宋代女词人李清照旧居。清道光学者俞正燮在《癸巳存稿》中推断："易安居士李清照，宋，济南人，居历城城西南之柳絮泉上。"令人想起说"未若柳絮因风起"的东晋女诗人谢道韫。

柳絮泉泉池呈长方形，长3.5米，宽2.3米，深1.5米，池壁用大理石砌成，四周饰汉白玉石雕栏杆，池东栏杆中间镌"柳絮泉"三字。春日，岸上柳絮扬扬飞舞，水中泉沫翻动如絮，泉水与垂柳相映成趣，令人陶醉。夏日里，泉边柳树成荫，掩映着飞檐翘角、古朴典雅的楼台亭树。池水清澈见底，长流不竭。

（5）卧牛泉（5）

卧牛泉（图4-16）为济南新"七十二泉"第五泉，位于皇华轩的南侧，东邻皇华泉，被誉为"福泉"。古时的槛泉亭与卧牛泉相距不远，此处常有牛羊饮其水，卧其旁，这或许是泉池得名的缘由吧。

泉池系由块石砌垒，约长4米，宽3米，深1.5米，四周饰以石雕栏杆。池北壁嵌泉名石碑，由济南当代书法家张立朝于1980年题写。

（6）漱玉泉（6）

漱玉泉（图4-17）位于趵突泉公园

▲ 图4-13　金线泉

▲ 图4-14　皇华泉

▲ 图4-15　柳絮泉

▲ 图4-16　卧牛泉

▲ 图4-17　漱玉泉

李清照纪念堂南侧，李清照的传世之作《漱玉集》即是以此泉命名的。

漱玉泉泉池呈长方形，池长4.8米，宽3.1米，深2米。四周围以汉白玉栏杆。池北内壁嵌"漱玉泉"石刻，为济南当代书画家关友声于1956年书写，字迹遒劲俊秀，落落大方。漱玉泉水从池底涌出，形成串串水泡，飘然至水面破裂，咝咝作响，然后由池南侧的自然石上漫过，哗哗跌入一自然形水池中。这池水面长21米，宽17米，深1.5米，山石驳岸错落有致，池岸青松挺拔，绿柳摇曳，翠竹婆娑，阳光下绿荫投影于池中，斑斑驳驳，姿态万千。

另外，趵突泉泉群中名列新"七十二泉"的还有马跑泉（图4-18）、无忧泉（图4-19）、石湾泉（图4-20）、湛露泉（图4-21）、满井泉（图4-22）、登州泉（图4-23）、杜康泉（图4-24）、望水泉（图4-25）。

◀ 图4-18　马跑泉（7）

◀ 图4-19　无忧泉（8）

◀ 图4-20　石湾泉（9）

◀ 图4-21　湛露泉（10）

◀ 图4-22　满井泉（11）

● 图4-23 登州泉（12）

● 图4-24 杜康泉（13）

● 图4-25 望水泉（14）

（7）珍珠泉（15）

珍珠泉位于泉城路珍珠泉礼堂北面，泉水自池底沙际涌出，气泡忽聚忽散，忽断忽续，如大珠小玑，错落有致。康熙曾作文称"济南多名泉，趵突珍珠二泉为最"（图4-26、图4-27）。

珍珠泉自元代起，一直位于私家大院中长达900多年。院子一般由皇亲贵族、封疆大吏所有，常人难得一见。明代诗坛"前七子"之一的边贡有诗云："曲池泉上远通湖，百丈珠帘水面铺。云影入波天上下，鲜痕经雨岸模糊。闲来梦想心如见，醉把丹青手自图。二十六年回首地，朱阑碧树隔'方壶'。"新中国成立后，人民政府多次整治泉池，美化庭院，2002年5月1日正式向全社会开放。

珍珠泉泉池长42米，宽29米，周边砌以雪花石栏杆，泉水清澈如碧，池中泉眼很多，一串串白色气泡自池底冒出，仿佛抛撒的万颗珍珠（图4-28）。泉池北岸矗立一碑，碑上所录为乾隆皇帝咏珍珠泉诗。泉水最后汇入大明湖。

▲ 图4-26 气泡如珠

▲ 图4-27 珍珠泉

▲ 图4-28 鱼戏珍珠

（8）散水泉（16）

散水泉（图4-29）位于珍珠泉东侧约70米，泉池长2米，宽1.6米，泉水清可见底。昔日散水泉水势很旺，泉水汩汩奋涌，水流回旋，涟漪荡漾，散而复聚，聚而再散，人们依其水流形态称之为"散水泉"。

（9）溪亭泉（17）

溪亭泉（图4-30）位于珍珠泉东8米，有一叠石假山，上书"溪亭泉"三个大字，这就是李清照《如梦令》中所写的"溪亭"，全文为："常记溪亭日暮，沉醉不知归路，兴尽晚回舟，误入藕花深处。争渡，争渡，惊起一滩鸥鹭。"一派荡舟晚游、鸥鹭伴飞的和谐之美。一直到明代后期，这一带的水势都很大，可以泛舟往来，如今只剩一方小池。

名列新"七十二泉"第18～21位的分别是漻泉（图4-31）、灌缨泉（图4-32）、玉环泉（图4-33）、芙蓉泉（图4-34）。

▲ 图4-29　散水泉

▲ 图4-30　溪亭泉

▶ 图4-31　濋泉（18）

◀ 图4-32　濯缨泉（19）

▶ 图4-33　玉环泉（20）

图4-34　芙蓉泉（21）

（10）舜泉（22）

舜泉是济南最古老的泉水，以虞舜掘井出泉的传说而得名，位于舜井商业街中段西侧。

井口有两条铁链直垂井底，传说早年有蛟龙作恶，舜将其锁入井中（图4-35）。

其实历史上的舜井早已湮没，此井为1985年重修。原舜井的位置在舜井街小学内。

珍珠泉群中入选新"七十二泉"的还有腾蛟泉（图4-36）、双忠泉（图4-37）。

图4-35　蛟锁舜井

图4-36 腾蛟泉（23）

图4-37 双忠泉（24）

（11）黑虎泉（25）

黑虎泉泉群位于黑虎泉路南护城河两岸，与解放阁相邻。这里亭台、假山耸立，楼阁、流水争艳，绿树蔽日，鸟语花香，可称济南的"幽区"。黑虎泉泉群以带状分布，自解放阁向西长约700米，共有泉水14处。

黑虎泉从十多米高的陡壁底部洞中涌出，向北通过三米长的暗渠从三个石虎嘴中喷射而出，声似林涛呼啸汇入泉池。明代诗人晏璧有"石磻水府色苍苍，深处浑如黑虎藏。半夜朔风吹石裂，一声清啸月无光"的诗句。

黑虎泉最大涌水量约为4.1万立方米/日，是济南市第二大泉，泉口标高27.88米，泉池长约13米，宽9米。由于出露条件不同，黑虎泉的泉水气势比趵突泉更壮观，巨大的水流在泉池中激起层层雪白的水花，动人心魄，夜色下远远闻听更是声如虎吼，如"万人鸣鼓击缶"。泉边用黑色花岗岩和青铜分别雕铸了两头猛虎，身长7.9米，高3.7米（图4-38）。

黑虎泉泉群中入选新"七十二泉"的还有琵琶泉（图4-39）、玛瑙泉（图4-40）、白石泉（图4-41）、九女泉（图4-42）。

图4-38　黑虎泉畔现虎踪

◀ 图4-39　琵琶泉（26）

◀ 图4-40　玛瑙泉（27）

◀ 图4-41　白石泉（28）

▲ 图4-42　九女泉（29）

（12）五龙潭（30）

　　五龙潭公园位于趵突泉北路西侧，东临护城河，南望趵突泉，北接大明湖公园。规划面积6.5公顷，已建成面积5.44公顷。该园是一座汇泉群水面与山石溪流于一体，纳名花奇木与亭榭廊阁于其内，集革命文物与文化设施于其中的城市园林。公园内散布着形态各异的古泉26处，五龙潭位于中央。济南新"七十二泉"，五龙潭泉群占了11处，分别为五龙

△ 图4-43 五龙潭与名士阁

潭（图4-43）、古温泉（图4-44）、贤清泉（图4-45）、天镜泉（图4-46）、月牙泉（图4-47）、西蜜脂泉（图4-48）、官家池（图4-49）、回马泉（图4-50）、虬溪泉（图4-51）、玉泉（图4-52）和濂泉（图4-53）。

五龙潭长70米，宽35米，深7米，潭水久旱不涸。潭北建有5 500平方米的大草坪，移植成景大树和名花奇木200余株。

建园时，人们对泉溪水潭加以改造，突出了泉溪水景，并广植各种花木，配以典雅别致的园林建筑小品，使泉水、植物、人文景观和谐统一，古朴自然，别具特色。公园东南建有尽铭园，该园分东、西两院，东院是中共山东党组织早期活动旧址，为省级文物保护单位，新建了中共山东党史陈列馆；西院建亭、廊、水榭，植松、柏、竹、梅。园北小广场屹立着中共一大代表王尽美、邓恩铭雕像。潭西为武中奇书法篆刻展览馆，设3个展厅以及书法碑廊、石刻碑廊。

相传这里曾是唐代名将秦琼的故宅，建有豪华府第，其"唐左武卫大将军胡国公秦叔宝之故宅"石碑经修复已重立于五龙潭畔。

五龙潭也叫乌龙潭、龙居泉、灰湾泉，位于趵突泉北0.5千米，涌水量8 600～43 000立方米/日，居本泉群诸泉之首。潭池溢水标高25.80米。相传，昔日潭深莫测，每遇大旱，祷雨辄应。元朝初年，人们在潭侧建庙，内塑五方龙神，此后便称五龙潭。

图4-44　古温泉（31）

图4-45　贤清泉（32）

◀ 图4-46　天镜泉（33）

◀ 图4-47　月牙泉（34）

◀ 图4-48　西蜜脂泉（35）

图4-49 官家池（36）

图4-50 回马泉（37）

图4-51 虬溪泉（38）

◀ 图4-52 玉泉（39）

▼ 图4-53 濂泉（40）

（13）华泉（41）

华泉（图4-54）位于华山风景区华阳宫南侧，因临华不注山（华山）而得名。唐段成式《酉阳杂俎》有"华不注泉，方圆百步"的记载。华泉曾被淤塞，2001年清淤挖掘后修砌了泉池，一池清水，平明如镜，映照着孤山古庙。

（14）浆水泉（42）

浆水泉（图4-55）位于二环东路怪坡东侧，在回龙山、老虎山脚下，常年涌流，泉水清澈甘洌，甜如米汁。

图4-54　华泉

图4-55　浆水泉

（15）砚泉（43）

砚泉（图4-56）位于历下区姚家街道办燕翅山北侧，20世纪60年代，开挖铁矿时打通地下水脉，泉涌如柱，泉称砚泉，池称砚池。砚池水质清澈，水位基本保持稳定，不涨不涸。

（16）甘露泉（44）

甘露泉（图4-57）位于千佛山东南隅的佛慧山下，又名"滴露泉"。泉水从岩壁如露珠滚落，泉池为悬崖下一半隐形山洞，半为天然，半为人工石砌，常年不涸，因池边有多株海棠，又名"秋棠池"。

▲ 图4-56 砚泉

▶ 图4-57 甘露泉

（17）林汲泉（45）

林汲泉（图4-58）位于济南东部龙洞风景区佛峪钓鱼台东侧崖壁上，泉水自石穴岩缝中流出，汩汩有声，至谷底与众山泉水汇流。

（18）斗母泉（46）

斗母泉（图4-59）位于十六里河街道办青铜山北麓，是济南七十二名泉中海拔最高的泉。泉水自半坡岩壁涌出，水量很大，常年涌流，又称"大泉"。泉水晶莹碧透，清冽甘美。

▲ 图4-58　林汲泉

▲ 图4-59　斗母泉

（19）无影潭（47）

无影潭（图4-60）位于天桥区无影山路与无影山中路交叉口东南，因靠近无影山而得名。此潭由掘砂而成，泉水来自岩溶断层裂隙，涌水量较小，却长年不断。泉池水面标高31米左右。

（20）白泉（48）

白泉（图4-61）位于济南东郊王舍人街道办，自成泉群，包括白泉、花泉、草泉、柳叶泉等。白泉自平地涌出，挟带大量白沙，集沙成堆，形同蚁穴。

▲ 图4-60 无影潭

▼ 图4-61 白泉

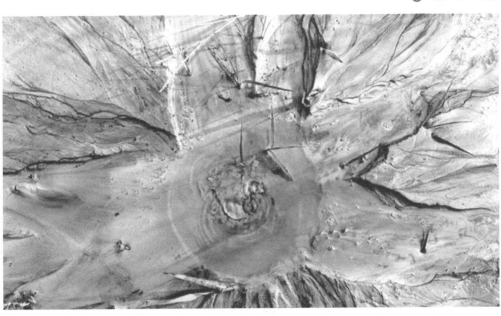

（21）涌泉（49）

涌泉（图4-62）位于历城区柳埠村四门塔西南白虎山麓。这里群山环抱，峰峦叠翠，空气湿润，景致清幽，颇具江南水乡风韵，是一处游览避暑胜地。

此泉为接触泉，含水层为寒武系石灰岩，下部隔水层为紫红色页岩，受侵蚀后在接触处出露，长流不息。涌泉下方为竹林，20余亩，淙淙泉水自竹林深处流出，形成瀑布三叠，声如小曲细语，划破了山谷的宁静，极富诗意。

（22）苦苣泉（50）

苦苣泉（图4-63）位于柳埠镇袁洪峪北侧崖下，泉水自岩缝中流出，常年不涸。

▲ 图4-62 涌泉

▲ 图4-63 苦苣泉

（23）避暑泉（51）

避暑泉（图4-64）位于柳埠镇袁洪峪南岭西侧山坳间，因此处丛林茂密、空气清新而得名。

（24）突泉（52）

突泉（图4-65）位于柳埠镇突泉村，村以泉而名，泉水澄澈甘美，四季涌流，可呈"凸"状。

▲ 图4-64 避暑泉

▲ 图4-65 突泉

（25）泥淤泉（53）

泥淤泉（图4-66）位于柳埠镇西南7.5千米处的泥淤泉村，又名印度泉，曾多次被山洪泥沙淤塞，泉却未受影响，喷涌如初。

（26）大泉（54）

大泉（图4-67）位于历城区仲宫镇锦绣川办事处大泉村南，自九曲河西侧泉孔涌出成池，池水呈五彩状，沿九曲河汇入锦绣川水库。

▲ 图4-66　泥淤泉

▲ 图4-67　大泉

（27）圣水泉（55）

圣水泉（图4-68）位于历城区南部红叶谷生态文化旅游区内，泉水自龙山腹中缓缓流出，沿石渠流入方池，泉水清冽甘美，是景区最古老的天然名泉。

（28）缎华泉（56）

缎华泉（图4-69）位于历城区柳埠镇九顶塔民族风情园内，泉池呈方状，碎石砌垒，水量较小而不涸。

图4-68 圣水泉

图4-69 缎华泉

（29）玉河泉（57）

玉河泉（图4-70）位于历城区彩石镇玉河泉村，也叫"龙泉"。泉水自岩洞流出，向东北注入巨野河。周边还有牛头泉、响呼噜泉、晴天泉、门口泉、院内泉、西老泉和东老泉。

▲ 图4-70　玉河泉

（30）百脉泉（58）

济南东50千米的明水镇是章丘市政府驻地，以泉水众多而有"小泉城"的美誉。

明水三面环山，南部出露的奥陶系石灰岩向北倾伏在石炭系地层之下，岩溶地下水向北流动受阻，沿断层和裂隙上升到地表，形成了东南部沟谷中现已大部分干涸断流的绣水泉系、中部百泉汇集、处处流水的东麻湾泉系，以及西部清流急湍、一泉成河的西麻湾泉系。共有泉眼44处，总涌水量平均每天近30万立方米。

明水泉群中最著名的是与济南趵突泉齐名的百脉泉（图4-71）。"百脉寒泉珍珠滚"是章丘一景。《齐乘》云："朗公谷诸水，东西伏流，西发趵突，东发百脉。"北宋文学家曾巩在《齐州二堂记》中有"西则趵突为魁，东则百脉为冠"的记载。百脉泉有池，面积约半亩，有小桥横跨，池水深三四米，清澈见底。"百脉沸腾，状若贯珠，历落可数"，令人赏心悦目。

此外，还有涌水量超过趵突泉的湖心泉、五水争涌形似梅花怒放的梅花泉等。

图4-71 百脉泉

（31）东麻湾（59）

图4-72 东麻湾

东麻湾（图4-72）位于百脉泉东侧，是章丘第一大丰水河——绣江河的源头。东麻湾由多个泉眼组成，湖中一簇簇、一串串晶莹剔透的水泡有大有小，有聚有散，有急有缓，飘摇而上，有的砰然炸开，有的在水面上随波浮动。东麻湾的涌水浇灌着附近2万多公顷稻田，孕育出口感极佳的明水香稻。

（32）西麻湾（60）

西麻湾（图4-73）位于百脉泉西南，为自然河湾，虽然面积不大，但涌水量居明水诸泉之首。湾中泉眼众多，簇簇水泡缓缓升起，在水面如花般绽开。浅湾芦苇丛生，岸边杨柳依依，一派泉林郊野风光。

（33）墨泉（61）

墨泉（图4-74）位于百脉泉公园内，龙泉寺西南，泉孔幽深，因水色苍苍如墨而得名。墨泉涌声闷重，如沉雷隆隆。泉水初出如墨，进石渠即清澈透明。

△ 图4-73　西麻湾

△ 图4-74　墨泉

（34）梅花泉（62）

梅花泉（图4-75）位于百脉泉公园清照园内，有五股清泉喷涌，恰似一朵盛开的梅花。

（35）净明泉（63）

净明泉（图4-76）位于明水西麻湾北端，又称"明水泉"，古人记载："其泉至洁，纤尘不留，土人以洗目退昏翳。"

因地下水被截流，净明泉已停涌多年，现取其邻近旺泉沿称。

▲ 图4-75 梅花泉

▲ 图4-76 净明泉

（36）袈裟泉（64）

袈裟泉（图4-77）位于灵岩寺风景区内，原名独孤泉，又名印泉，后因泉边立有一片被称为"铁袈裟"的铸铁片，取名"袈裟泉"。

泉水自岩缝中流出，水质甘美。

（37）卓锡泉（65）

卓锡泉（图4-78）位于济南长清区万德镇灵岩寺风景区的千佛殿东侧岩壁下，因传说高僧用锡杖戳地出泉而得名。

卓锡泉与双鹤泉、白鹤泉合称"五步三泉"，在不足7米的距离内有卓锡、白鹤、双鹤三泉。泉水长流不息，叮咚有声，蜿蜒曲折，汇入泉池，形成"五步三泉"的奇特景观（图4-79）。诗仙李白为泉池题诗云："运公爱康乐，为我开禅关。萧然松树下，何异清凉山。花将色不染，水与心俱闲。一坐度小劫，观空天地间。"

▲ 图4-77　袈裟泉

▲ 图4-78　卓锡泉

▶ 图4-79　五步三泉

（38）清泠泉（66）

清泠泉（图4-80）位于五峰山洞真观玉皇殿东侧。因清泉激石，泠泠作响而得名。

清泠泉周围还散布着青龙、白虎等许多历史名泉，形成各具特色的泉水景观。

（39）檀抱泉（67）

檀抱泉（图4-81）又名东檀池、檀井，位于灵岩寺景区明孔山下第四峪村。因以石修建的洞穴式泉池上部有一株古青檀树，虬根盘错抱泉而生得名。

此泉周围自然景观上佳，泉水极旺，堪称长清第一名泉。

🔺 图4-80 清泠泉

🔺 图4-81 檀抱泉

（40）晓露泉（68）

晓露泉（图4-82）位于长清区张夏镇积米峪村北首石洞中。洞深4米，宽、高各2米。水自洞内岩孔涌出，流进井形池中，再由暗渠伏流洞外石砌方池中。

△ 图4-82　晓露泉

（41）洪范池（69）

洪范池（图4-83）位于平阴县城西南约30千米的山间，是久负盛名的浪溪九泉之首。池为正方形，边长7.1米，面积近50平方米，深6.3米，水深4米。池底及四壁散泉缓溢而出，不显喷涌之状。雨涝不增，天旱不减。池上有封闭形石栏围护，池周有石渠环绕，池南外壁雕龙头，池水从龙头中流出，环石渠流进小溪，汇入水库。池北有五代时皇帝降旨修建的龙王庙，故又称龙池。池水清澈见底，俯察天光云影、碎石青苔，其乐无穷。因泉水上涌，若向其中投掷硬币，可见飘摇旋转不能遽下，形成浮光耀金的奇丽景色。古人诗曰："戏掷一钱清澈底，随波荡漾似浮金。"

洪范池泉水出自地下250米深处的寒武纪石灰岩含水层。降水从南部山区补给后，经过长达10年之久的深部径流循环，在水头压力作用下，沿着细小裂隙上升至地表。泉水含多种有益于人体健康的化学物质，如锶和偏硅酸、锂等，是优质饮用天然矿泉水。

除洪范池外，洪范九泉还有书院泉（图4-84）、扈泉、天池泉、拔箭泉、白雁泉、丁兰泉等，大都在洪范池东数里的天池山附近。

书院泉位于洪范池东天池山下书院村，曾名东流泉，因明代中丞刘隅曾临泉建书院得名。池呈方形，以石砌岸，水自岩隙涌出，日涌水量800多立方米。泉水沿石渠盘街绕户，穿林润物，流入狼溪河。

▲ 图4-83 洪范池

▲ 图4-84 书院泉（70）

（42）扈泉（71）

扈泉（图4-85）位于洪范池南约2千米，云翠山北麓的山坳中，因北临古扈国都城遗址而得名。

扈泉发于石壁一天然溶洞中，平日细水长流，雨季喷涌如柱，获称"扈泉涌碧"。

（43）日月泉（72）

日月泉（图4-86）位于洪范池镇南部云翠山顶，曾名"天一泉"，清朝时加日月形中空盖板而称"日月泉"。

日、月两泉相邻而不相连，常年不涸。

▲ 图4-85　扈泉

▲ 图4-86　日月泉

泗水泉林秀齐鲁

泗水泉林位于泗水县城东25千米的陪尾山前，因泉水之多如林而得名。这里清泉星罗棋布，在不到三公顷的地面上形成"大泉二十五，小泉数不清"的泉群奇观，故有"泉林"之称。据《泗水县志》记载："有名泉七十二，大泉十八，小泉多如牛毛。"这里泉溪相连，纵横交织，远映近绕，蔚为壮观，成为泗水之源。该泉群多依泉水的声、色、行、貌、味等分别命名，如响水、趵突、黑虎、双睛、淘米、红石、洗钵、珍珠、潘波等。

泗水处于鲁中南低山丘陵中，东望巍峨蒙山，西连滔滔泗水，南北为连绵丘陵。附近分布着古生代的石灰岩和中生代的砂页岩地层，东西向和南北向的断层纵横交错，为丰富的地下岩溶水上涌成泉提供了有利的条件。泗水泉林地下水主要来自地势较高的南部奥陶系岩溶地下水，因在泉林附近受到石炭系、第三系弱透水岩层的阻隔，于接触地带溢出地表，形成了遍地清泉、处处水声的奇特自然景观。泉水或从底涌，或从缝溢，斗折蛇行，叮咚有声；微波细涓，泉溪穿连；或汇为深潭，或潴为浅池，最终流入泗河西去。每天泉水最大涌出量达7.4万立方米，是山东省36个日出水量大于1万立方米的岩溶大泉之一。

泉多如林的泉林，自古以来就是人们向往的旅游胜地。当年孔子来游曾发出"逝者如斯夫，不舍昼夜"的慨叹。元朝王宠在他的《观泉亭记》中赞道："穷古至今，澄清见底，不以潦而盈，不以旱而涸，与历下之泉相等者，则惟泗水陪尾山之泉为然也。"清康熙、乾隆两帝曾多次来此驻跸，修有行宫、御桥、文桥、武桥、石船浮槎、游亭等，同时还留下许多题咏碑刻。近年来，随着旅游设施的不断完善，前来观泉者更是络绎不绝，尤其每年3月28日的桃花节，更是人山人海，热闹非常。

泉林中最有特色的泉是双睛泉（图

图4-87 双睛泉

图4-88 淘米泉

4-87）和淘米泉（图4-88）。双睛泉出于石壁中两个圆洞，两股泉水从洞中喷出，犹如一双明亮的大眼睛；淘米泉中沙细如米，在水花中上下翻腾，如淘米一般。

泗水泉林最有名的泉为黑虎泉（图4-89）、趵突泉、珍珠泉、红石泉（图4-90），黑虎泉泉眼大如虎口，趵突泉水势迅猛，珍珠泉如撒珠水中，红石泉喷沙如血，各有特点，汇聚泉林。

负有盛名的泉还有洗钵泉、天井泉、响水泉、涌珠泉（图4-91）、繁星泉、石缝泉、潘波新泉、潘波泉、甘露泉（图4-92）等。泉林之水清冽甘美，人饮之，"则能使贪夫变于廉，懦夫变于立"；泉水中的水藻，浅蓝深翠，随波起伏，犹如"镜中翠带"；泉水底下的小石子，光怪陆离，五彩缤纷，似翡翠玛瑙，把泉林装点得绚丽多彩。

图4-89 黑虎泉

图4-90 红石泉

82

▲ 图4-91　涌珠泉

▲ 图4-92　甘露泉

胶东温泉冠山东

山明水秀的胶东半岛，蕴藏着丰富的温泉资源。在全省17处温泉中，这里就有14处，素有"温泉之乡"的称誉。

胶东温泉大都是下渗的雨水和地表水，循环至地壳深处受热而成。这里温泉众多，与地质构造密切相关。山东半岛地壳运动强烈，数亿年来，该区一直处于微弱的上升和隆起中。古老的变质岩系大面积裸露，岩石破碎，节理、断层发育，大气降水及地表水便沿裂隙下渗；地热流使其温度升高，在地下形成沿构造裂隙运移上升的汽水热液，并溶解周围岩石中的钠、钙、镁、氟、碳、溴、氡等物质，形成了胶东地区众多的温泉。

胶东温泉有三个显著的特点。第一，温度高。胶东大部分温泉水温在50℃～90℃之间，属中、高温热水，甚至有少数沸泉。第二，矿化度高，压力、浮力大，对人体理化作用强。如威海市温泉的溴离子含量高达18毫克/升（**大于5毫克/升就有医疗作用**），又称溴泉；总矿化度为17.3克/升，其成分除与海水相近外，还含微量放射性元素镭、铀、氡等。第三，胶东温泉含有丰富的药物化学成分，能治疗多种疾病，历来被医疾者推崇。

1. 即墨温泉

即墨温泉（图4-93）位于在即墨市城东北20千米处的温泉镇。即墨温泉正好处在断裂带上，沿断裂有火山活动，热源较充足。地下水经循环流动后，通过火山岩裂隙溢出地表形成温泉。泉口水温高达88℃，而在靠近河流低洼处约6.5平方千米的黑色淤泥覆盖区，细束泉水流出后即与浅部地下水混合，故其水温多为30℃～60℃。据分析，温泉水矿化度达10.809克／升，不仅含有具医疗价值的氟、二氧化硅、硫化氢等特殊成分，同时含盐量高，还含有镭、氡等放射性元素。因此，利用该处温泉的泥、水烫洗，在治疗风湿性关节炎、腰椎间盘突出症、皮肤病及神经炎等疾病方面，可以取得极其良好的效果。另外，在医治高血压、冠心病、血管水肿、皮划症等疾病方面，亦有较明显的疗效。

2. 招远温泉

招远温泉（图4-94）又称汤东泉，别名东汤，位于招远县城东侧，是久负盛名的旅游处所。古有"西有东岳泰山傲苍穹，东有招邑汤泉甲天下"之说。

招远温泉位于两条断层的交叉部位，具有较充足的热量来源，在地表以下340米深处的地下水温度竟高达100.5℃，

泉口水温也达87℃。热水流出后与周围的浅层地下水混合，水温逐渐降低，最终注入河流。这条热水和冷水汇流的河，人称"阴阳河"，亦名"鸳鸯河"。县志为此记载有："汤泉，最热尊化，然招邑汤泉热不下尊化，其温凉并流，奇观为天下最。"同时，由于地下热水经深部循环，除溶解有大量盐类，矿化度达5.302克／升外，还溶解有氟、二氧化硅等特殊物质和镭、氡等放射性元素，因而具有较高的医疗价值。经常利用该泉水沐浴，能治疗多种内、外科疾病，并已赢得中外疗养者和游客的赞誉。目前，这里不仅有较完好的疗养、旅游设施，而且还利用其热能进行发电、取暖、养殖、育苗等。真可谓："炙手炭同炎，濯足热益大；隔瓷能煮水，浸篮可熟菜；竟同鼎中汤，澡身此为是。"

3. 艾山温泉

艾山温泉（图4-95）位于栖霞县城西北15千米之艾山东麓的艾山汤村。它是古老的胶东变质岩中的地下水，由于北部受距今约7 000万年的燕山期火成岩侵入影响，原来的岩石进一步变质而形成裂隙，给地下水进入深部循环和溢出地表提供了通道。火成岩侵入带来的巨大热量，使周围岩石温度升高，从而增加了在岩石

◀ 图4-93 即墨温泉

▶ 图4-94 招远温泉

◀ 图4-95 艾山温泉

中流动的地下水的温度。据测量，艾山温泉水温为47℃，常年自流，每天的涌水量近100立方米。

艾山温泉有着医治皮肤病、关节疼痛等疾病的悠久历史。县志载："艾山东麓出如沸汤，澡可疗疾。"明代初期即凿石为池，用以沐浴。近年来，通过对温泉水进行分析化验发现，艾山温泉水中不仅含有钾、钠、钙、镁等常规离子，同时，还含有具医疗价值的氟、二氧化硅等特殊物质。该处现已建起设施较好的男女浴池、疗养院。由于此处风景幽美，气候宜人，加上盛产优质烟台苹果、胶东大花生等，所以疗养者、游人四时不绝。

4. 龙泉温泉

龙泉温泉（图4-96）俗称龙泉汤，位于牟平县城东南22.5千米（牟平县现为烟台市牟平区），昆嵛山北麓的龙村。这里常年汤沸泉涌，如龙吐水，云雾蒸腾，故名龙泉。明代诗人王平曾留下"行人浴罢闲相语，可似华清第二汤"之赞誉。至今存有嘉庆年间树立的"龙泉"二字石匾。

龙泉温泉的热量来源于岩浆岩侵入体，离岩浆岩体略远。泉水沿围岩破裂而涌出地面，水温为49.8℃，属中温热水。因泉水中含有氟、硫、钙、钾等多种特殊离子，治疗皮肤病、骨骼病、关节炎、动脉硬化等疾病有着较好的效果，加之这里仍有着前人所述的"石气松阴雨后凉，飞鸿流水几垂杨"的幽美景色和日益完善的疗养、旅游设施，所以吸引了越来越多的国内外游客和疗养者。另外，在利用温泉热能为农业、养殖业服务等方面也取得了明显进展。

5. 威海温泉

威海温泉（图4-97）分布于威海市

▲ 图4-96　龙泉温泉洗浴中心

▲ 图4-97　威海温泉

繁华的环翠区宝泉路，人称"温泉一条街"。在长约300米的宝泉路上，建有疗养院、水疗室、沐浴池及大型室内游泳馆等设施10余处。这里依山傍海，绿树成荫，环境幽美，空气湿润，气候怡人，是威海旅游区的重要组成部分。

威海温泉处在燕山期岩浆侵入体周围的岩石中，靠近岩浆侵入体和围岩接触带。温泉水温高达68℃，含有具医疗价值的氟、二氧化硅、溴和硫化氢等特殊物质，对关节炎、皮肤病等的明显疗效已载入古今医疗史册，享誉国内外。

6. 文登温泉

文登市温泉资源丰富，在山东省已查明的17处温泉中，文登市就有5处，堪称温泉之乡。

文登市的温泉是雨水和地表水下渗深循环而成。城北13千米的洪水岚温泉、城西3.5千米的七里汤温泉和城西南20千米的大英温泉出露在距今7 000万年前的燕山期岩浆岩之中，温泉水温高达69℃～71℃，属中高温地下热水。城东南20千米的呼雷温泉位于岩浆岩体边缘，水温亦较高，为68℃。城南15千米的昌阳温泉，因产生于距岩浆岩体略远的周围岩石中，加之又与浅层地下水混合，水温仅50℃。

文登温泉水质清澈，沸汤涌流，热气腾腾，汩汩有声，四季如春（图4-98）。除水温高、热效好之外，还含多种特殊离子和放射性元素，加之矿化度较高，浮力、压力较大，对人体作用力强，在医治皮肤病、关节炎症等疾病方面具有较明显的疗效。目前，各温泉除普遍建有设施较好的浴池或疗养院外，有的还利用温泉水养殖、育苗、取暖或用作工业水源，温泉成为文登市得天独厚的宝贵财富。

7. 小汤温泉

小汤温泉（图4-99）位于乳山县城东北约20千米的冯家镇小汤村东南。温泉南临归仁村，故历史上称归仁汤。小汤温泉每天从变质岩里涌出200立方米的泉水，由于靠近岩浆岩和变质岩的接触带，水温较高，与浅层地下水混合后，水温约为56℃。同时，由于地下水在深部循环流动过程中溶解了大量盐类，其水矿化度达2.831克／升，而且还含有氟、硫化氢、二氧化硅等多种具有医疗价值的物质成分。经常以其沐浴，可防治皮肤病、高血压、关节炎等疾病，深受人们喜爱。

▲ 图4-98 文登温泉

▲ 图4-99 小汤温泉

泉海遗珠

1. 泰山温泉

徂徕山温泉（图4-100）位于泰安市东南约20千米的徂徕山脚下，桥沟村西北角，又名桥沟温泉。该泉温度39.5℃，含有二氧化硅、氟等特殊成分，具有重要的医疗价值。泰山温泉属Na_2SO_4大陆型，总矿化度0.90克/升，它的存在为举世闻名的泰山旅游区增添了新的光彩。

泰山温泉附近，出露20多亿年前的泰山期岩浆岩和距今7000多万年前的燕山期岩浆岩。这一地带岩层的富水性较强，水循环条件较好，泉水温度不是很高。泰山温泉位于两条断裂的交汇部位，地下水可以通过断裂带进行深循环，所以融入了氟和二氧化硅等特殊成分而具医疗价值。

▲ 图4-100 徂徕山温泉

2. 浣笔泉

浣笔泉（图4-101）位于古城济宁市中区，浣笔路南段之小洸沕河东岸，西距太白楼约1千米。相传诗人李白曾在此浣笔而得名。

据记载，明嘉靖五年（1526）即在泉边筑亭，内有李白、杜甫、贺知章三公像，后被毁为一片废墟。1980年始，人民政府重修亭阁、恢复浣笔泉，池畔立有"圣泉"碑刻，明代"新修浣笔泉记"石碑也矗立一旁。

由于该处地面下5米左右有一厚约1米的含水砂层，接受小洸沕河水的补给，因此，泉池的深度为5米左右。近年连年干旱，小洸沕河少水，加上堤岸防渗，浣笔泉水量有所减少。

3. 老龙湾

老龙湾（图4-102）位于临朐县城南10千米的海浮山下，是一处山清水秀，四时成趣的省级风景名胜区，有"北国江南"之称。

老龙湾水面约27 000平方米，水深盈丈，清澈见底，平静如镜，水温终年18℃。湾东西狭长，东为小龙湾，西为铸剑池。老龙湾南依青山竹林，北临村郭楼台。岸畔柳荫环绕，湾内古亭倒影，晨烟暮霭，云蒸雾郁，冬暖夏凉，气候宜人，

前人有"冶源烟霭三冬暖"的诗句。

老龙湾由地下泉水涌出地表汇集而成，周边涌泉多不胜数，湾内到处见泉水喷涌，犹如串串珍珠生自水底，滚浮而上。主要泉水有薰冶泉、万宝泉、善息泉、濯马潭等。老龙湾泉水成因与济南泉群相似，主要来自南部山区降雨渗漏在石灰岩裂隙、溶洞中的地下水。地下水顺岩层流至冶源镇附近，为北部的白垩系集块岩、安山岩所阻挡，就从该处的断裂带涌出地表成泉。根据水文地质部门测定和化验，由于泉水在地下深部循环流动时间甚长，所以溶解了多种对人体有益的矿物质和微量元素，已被确认为含锶的低矿化度的重碳酸钙型天然矿泉水。用该水制成的"龙湾汽水""铸剑池啤酒"，已享有较高的声誉。

1990年4月，老龙湾因过量开采地下水，曾一度干涸。后经当地政府和人民节水保泉，清淤挖塘，综合治理，今已恢复昔日风貌。

薰冶泉又名铸剑池，位于老龙湾西端，是泉群中流量最大的泉水，相传为春秋时铸剑大师欧冶子用混沌宝斧凿出，"冶源"之名也因此而得。欧冶子铸剑淬火时，池中冒出阵阵热气，此泉便有了"薰冶泉"的名称。

△ 图4-101　浣笔泉

△ 图4-102　老龙湾雪景

4. 柳泉

柳泉（图4-103）位于淄博市淄川区蒲家庄东沟谷中，也叫"满井"。据载，因为当年"泉流谷地，大旱不竭"，蒲家庄又被称为满井村。由于泉水周边有翠柳百株，合环笼盖，而得柳泉之名。相传蒲松龄曾在此设茶待客，搜集创作素材。蒲松龄异常热爱此地，自号柳泉居士。柳泉周围有草亭、凉亭。井旁立有著名文学家沈雁冰（茅盾）书"柳泉"二字石碑。附近还有蒲松龄墓园。

柳泉地势低洼，地表出露的岩石是石炭系泥岩、页岩，这种岩石含水量小；其下为奥陶系石灰岩，岩溶裂隙较多，含水丰富。地下水沿平缓的岩层流动，在高水头压力的作用下，向泥页岩渗透补给。由于泥岩、页岩裂隙较少，石灰岩厚度较薄，难以贮存太多的地下水，所以此处的地下水水量不大。近年来，值逢连年干旱少雨和周围大量开采地下水，致使被称为满井的柳泉也接近干涸。

5. 汤头温泉

汤头温泉（图4-104）位于临沂城东北25千米的汤山西麓，"野馆汤泉"被列为临沂八景之一。

汤头温泉位于火山喷出岩带上，由于经过深部循环径流，水温高达63.4℃，溶有大量的盐类，总矿化度达3.288克／升。泉水富含氟、溴、二氧化硅等具有医疗价值的特殊成分以及氡、镭等放射性元素，具有舒筋活血、杀菌消炎等功能，对皮肤、关节、神经系统的疾病疗效更佳，故很早就有"爬搔委顿之疾，浴之转愈，远方多有赍粮而至者"的记载。

6. 玉泉

玉泉（图4-105）位于费县城北约17千米的蒙山脚下，上冶镇东部紫荆河东岸。泉水清澈透明，甘甜爽口，水温长年恒定在18℃。当地居民饮用此水，少有疾病。在泉北枕流亭内的石碑上刻有明代大学士于慎行所题"枕流"二字。泉水镶嵌于层山叠翠之间，显得分外幽静秀丽。

玉泉之水产于20多亿年前的太古代花岗岩与泰山群变质岩接触带。由于地质条件特殊，降雨沿断层进入地壳深部循环，并从周围的岩石中溶解多种有益于人体健康的矿物质和微量元素，呈现为重碳酸钙型低钠、低矿化度、中等硬度和含有一定量镁离子的优质饮用泉水。

▶ 图4-103　柳泉

◀ 图4-104　汤头温泉

▶ 图4-105　玉泉

7. 荆泉

荆泉（图4-106）位于滕州市东约4千米的俞寨村，是滕州六泉中涌水量较大和泉林风光较好的一处泉群。这里山清水秀，绿树成荫，水波荡漾，游鱼成群。

该泉为断层泉，断层一侧为裂隙岩溶发育的奥陶系石灰岩，地下水丰富；另一侧为具有隔水性能的侏罗系砂页岩，流来的地下水受阻沿断层破碎带上升，溢出地表成泉。

▲ 图4-106 荆泉

Part 5 泉之用——美景好水益身心

泉水，何以用？

用以美化视野。美国黄石国家地质公园间歇泉群种类各异，济南趵突腾空、珍珠浮水，娘子关飞泉成瀑，无不自成美景，引人入胜。

用以承载文化。济南趵突泉 "三尺不销平地雪，四时长吼半空雷"；杭州虎跑泉 "泉泉泉，乱迸珍珠个个圆，玉斧砍开顽石髓，金钩搭出老龙涎"；山西晋祠泉 "晋祠流水和碧玉，傲波龙鳞沙草绿"。

用以荡涤身心，养生疗疾。温汤沐浴，可减轻甚或治愈皮肤顽疾；烹茶煮药，能强健肠胃消化系统。

汲泉烹茗

泉在眼中

泉动涌联珠，泉静湛片玉。

渊源出以时，动静清可掬。

凭栏冰雪寒，敛袵毛发肃。

内以洗我心，外以刮我目。

偶离京尘来，对此歌不足。

咏归五六人，犹疑自沂浴。

《观泉》（宋·包恢）

人们对泉水的喜爱，不仅仅是因为它是一种奇特的地质现象，更多的是因为泉水给我们展现出了水流的不同形态，具有很高的观赏性。有的泉水虽然观赏性不高，但是由于其特殊的地理位置或是与古代名人联系在一起，也会成为著名的观赏泉景观，游者可观其喷涌、追其历史、品其文化。

1. 美学价值

地球上的泉水千姿百态，泉水的出露也不全是"泉眼无声惜细流"，它们在形态、颜色、声音、规模等方面各具特色。

济南泉水众多，是有名的泉城，有着"家家泉水，户户垂杨"的美景（图5-1），趵突泉、珍珠泉、黑虎泉、五龙潭等名泉享誉国内外。趵突泉居济南七十二泉之首，更是国内四个"天下第一泉"之一，其喷涌气势之宏，泉水喷涌量之大，都是首屈一指的。泉水从岩溶通道中涌出，三窟并发，水珠溅射达数尺之高，声若隐雷，势如沸鼎，"趵突腾空"自古就是济南八景之一（图5-2）。另外，如珍珠浮水的珍珠泉、声如虎啸的黑虎泉，也被游人们争相观赏。

我国北方出水量最大的岩溶泉——娘子关泉，不仅规模大，由32个泉眼组成，而且因其特有的泉水飞流成瀑景象为

▼ 图5-1 家家泉水，户户垂杨

▲ 图5-2 趵突腾空

▲ 图5-3 美国黄石国家地质公园大棱镜间歇泉

世人知晓。泉群中的水帘洞泉出露的前方恰是高30米的陡崖，泉水飞流直下，霎时珠飞玉溅，形成一道壮观的瀑布，所以娘子关泉又称"飞泉"。泉水稳定的出水量，保障了瀑布不受季节变化的影响，常年持续倾泻，成为当地重要的旅游资源。

美国黄石国家地质公园，是地球上温泉、间歇泉最集中的区域之一。全区共有间歇泉300多处，许多泉水喷出高度超过40米，有喷热水的，有只冒气不喷发的，有喷泥巴的，各具特色。其中的老忠实间歇泉，在喷发时间上极有规律，人们可以根据前一次的喷发情况准确预测其下次喷发的时间。这些间歇泉中生活着许多微生物，它们有着不同的鲜艳色彩，将泉水渲染得五彩斑斓，如大棱镜间歇泉（图5-3）。随着季节的变化，温泉的颜色还会有所改变，令人啧啧称奇。

有些泉在泉眼多的地方也许不大起

眼，但是到了水资源稀缺的地方，就成了宝贵的财富。如甘肃敦煌的月牙泉（图5-4），在漫天沙影中，小小一眼泉水造就了一潭清水、一片绿洲，给旅行者一个落脚点，给商队一个补给站；万沙丛中一点绿，对游人也有很大的吸引力。

还有一些泉水，具有某种独特的性能，趣味性很强，也在泉水世界中声名鹊起，如蝴蝶泉、喊泉、含羞泉、毒气泉、托币泉、乳泉、香水泉、水火泉、鱼泉、虾泉等。这些泉从名称就能看出不是普通的泉水，独特的性能产生了独特的美学价

▲ 图5-4 月牙泉

值，大大提高了泉水的观赏性。

2.文化价值

中国自古以来不乏名人雅士，他们好游历，喜赋辞，在名山大川留下的诗赋墨宝、题词雕刻我们今天依然可以看到。泉水最初是当地居民的饮水水源，谁也不会在意它的名气大小，但当泉水的某一特性被发掘出来后，各种相关的传说也会慢慢出现，泉水开始体现出它的文化价值，名气就会逐渐增加，慕名而来的人们都想一睹其风姿。

济南泉水被誉为"天下第一"，泉水就是济南的城市象征，到济南的游客无不把到趵突泉一游当作日程之一。古往今来，趵突泉也是历代文人墨客观赏、咏赞的对象。宋代曾巩有感于趵突泉水的甘甜而留下了"滋荣冬茹温常早，润泽春茶味更真"的诗句；元代大书法家赵孟頫写下了"云雾润蒸华不注，波涛声震大明湖"的千古佳句，被镶嵌在泺源堂的楹柱上；元代另一位大诗人张养浩有"三尺不销平地雪，四时长吼半空雷"的优美诗句；清代康熙皇帝观赏趵突泉后，由衷赞叹这一人间奇景，欣然题下"激湍"二字。其他诸如苏轼、苏辙、元好问、王守仁、王士祺、蒲松龄、何绍基、郭沫若、柳亚子等名家，均对趵突泉有所题咏，增

加了趵突泉的文化底蕴。在趵突泉周边，泺源堂、娥英祠、望鹤亭、观澜亭、尚志堂、李清照纪念堂（图5-5）、沧园、白雪楼（图5-6）、万竹园、李苦禅纪念馆、王雪涛纪念馆等景点丰富了景区的文化内涵。

据史书记载，康熙皇帝在位的61年间，曾三次到济南，分别为康熙二十三年、二十八年、四十二年。他每次来都会游览济南名泉，并在趵突泉御书"激湍""润物""清源流洁"等字，并曾赋诗一首："突兀泉声涌净波，东流远近浴羲和。源清分流白云洁，不虑浮沙污水涡。"乾隆皇帝曾在乾隆十三年、三十六年两次到济南游览趵突泉，也留下了诗赋。两代帝王的多次驾临，使趵突泉的名声广播宇内。

杭州的虎跑泉，是新西湖十景之一。景区以泉为主景，亭台楼阁、曲折园路围绕"虎跑梦泉"的主题建设而成（图5-7）。虎跑泉作为观赏泉历史悠久。元代翰林学士贯云石慕名来游，赋诗云："泉泉泉，乱迸珍珠个个圆，玉斧砍开顽石髓，金钩搭出老龙涎。"康熙皇帝于康熙二十八年经济南至杭州南巡时曾游虎跑泉，周恩来总理也曾两次陪外宾游览虎跑泉。

山西太原的晋祠泉也具有悠久的历史。据记载，在公元前453年（周贞定王十六年）的春秋时代，泉水就被用于灌溉，周围出现了"千家灌禾稻，满目江南田"的景象，距今已有2 000多年的历史，被列为晋祠三绝之一。该泉群由难老泉（图5-8）、圣母泉、善利泉组成，为建于北魏年间的晋祠增添了小桥流水、曲径通幽的情趣。当年李白游历晋祠，写诗赞曰："晋祠流水和碧玉，傲波龙鳞沙草绿。"

我国古代江浙一带，是盛产文学家、诗人的地方，他们在推动我国泉文化发展中有不可磨灭的功绩。我国的文化名泉多集中在浙江、江苏、山东、江西等地，如杭州的龙井泉、镇江的中泠泉、济南的趵突泉、庐山的谷帘泉、无锡的惠山泉等，它们可以说是泉水世界的"明星"。

▲ 图5-5　李清照纪念堂

▲ 图5-6　白雪楼（李攀龙藏书处）

▲ 图5-7　虎跑泉雕塑

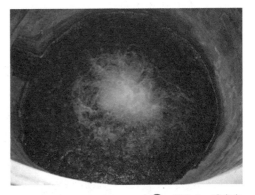

▲ 图5-8　难老泉

身在泉中

"有病厉兮，温泉浴焉。"

《温泉碑》（汉·张衡）

人类对温泉的利用，最开始就是从它的"温"上着手。秦汉时期，人们就在陕西临潼骊山建成了骊山汤，是我国最早的温泉浴池。当时人们对温泉的认识非常有限，只知道泡过温泉后身心会非常舒坦，有些病痛会神奇痊愈，并不知何以如此，往往视温泉为"神水"。

至唐朝，温泉洗浴逐渐流行。天宝六年（747），唐玄宗将骊山汤进行了改扩建，修建了规模宏大的华清宫，充分利用其中的温泉，建成包括华清池（图5-9）、九龙汤等洗浴池在内的诸多浴池，专供王公大臣享用。作为权倾天下的皇帝，唐玄宗常携杨贵妃来此处泡温泉，白居易在《长恨歌》中描写道："骊宫高处入青云，仙乐风飘处处闻。"泡温泉也作为一种赏赐，赐予讨得唐玄宗欢心的大臣，大臣无不以此为荣。

▲ 图5-9 西安华清池

发展至现在，温泉更多地与旅游业联系到了一起。我国温泉多且分布广泛，类型多样，具备发展旅游业的优越条件。温泉对许多疾病具有特殊的疗效，且因多出现在山麓之下、河溪之侧，往往居奇峰幽境之中，处山回水绕之所，所以景致怡人。温泉旅游疗养胜地既可疗养又可游览，条件实在是得天独厚，令人向往。我国著名的温泉疗养地有西安的华清池温泉、重庆的南北温泉、昆明的安宁温泉、广州的从化温泉、福州的汤坑温泉、内蒙古的阿尔山温泉及黑龙江的五大连池药泉山等。

1. 温泉分类

（1）按阴离子分类

温泉中主要的成分包含氯离子、碳酸根离子、硫酸根离子。依这三种阴离子所占的比例，我们把温泉分为氯化物泉、碳酸氢盐泉、硫酸盐泉。

除了这三种阴离子之外，也有以其他成分为主的温泉，例如重曹泉（以碳酸氢钠为主）、重碳酸土类泉、食盐泉（以氯化钠为主）、氯化土盐泉、芒硝泉（以硝酸钠为主）、石膏泉（以硫酸钙为主）、正苦味泉（以硫酸镁为主）、含铁泉（白磺泉）、含铜泉（青铜泉）。

其中，食盐泉也称盐泉，可依食盐含量分为弱食盐泉和强食盐泉。

（2）按pH分类

温泉的酸碱性直接影响是否可供人洗浴，所以温泉也可以依pH分类。

①酸性温泉：pH在3以下，pH为1就属于强酸泉。

②弱酸性温泉：pH在3～6之间。

③中性温泉：pH在6～7.5之间。

④弱碱性温泉：pH在7.5～8.5之间。

⑤碱性温泉：pH在8.5以上。

2. 神奇的温泉

明代药物学家李时珍所著《本草纲目》一书中，对温泉的性质和疗效记载详细，谓温泉可治疗风湿、筋骨挛缩等症。

热水具有舒筋活血、化瘀消肿的功能，光是热水泡脚就能缓解肌肉的疲劳，加速腿部血液循环，使人一身轻松。我们皮肤的温度一般在34℃左右，水温超过这个温度人就会有热感，低了就会有凉感，过热、过凉都会对毛细血管和神经产生刺激作用。温和的温泉水，对神经系统具有镇静作用，也能缓解动脉硬化、高血压等症状，缓解脑溢血导致的半身不遂等后遗症。

温泉之所以能治病，主要在于温泉的温度、所含的矿物质等物理性质。

泉水中含有有价值的矿物质，是其能治病的主要原因。来自地球深部的温泉水，溶解了碳酸盐、硫酸盐以及钠、钾、钙、镁、铁、硫等元素，有些温泉还富含硒、锶、锂、锌、偏硅酸等多种物质以及氡、氦等微量元素，这些物质能对某些疾病起到治疗作用。泡温泉的过程中，化学物质可以改变皮肤的酸碱度，还可以刺激自主神经、内分泌及免疫系统。

在内蒙古高原东部赤峰市克什克旗境内的热水镇有一处温泉（图5-10），号称"神泉"。泉口终年雾气弥漫，热气腾腾，流量稳定。相传，此处的温泉在1 000年前就已被牧民发现利用了。到清

▲ 图5-10　热水镇温泉

▲ 图5-11　康熙沐井旧址

代，在温泉之旁建荟祥寺，前来朝拜佛像和沐浴的人更多了。特别是康熙二十二年（1683）康熙皇帝奉皇太后之命前来克什克旗，曾在此驻跸沐浴，留下"康熙沐井"遗址（图5-11），并赐题"荟祥寺"御匾。从此，温泉被称为"神泉"。这个"神泉"对一些疑难杂症有较明显的疗效，原因就在于温泉水中含有很多对人体有益的稀有元素。

"神泉"泉水中含有氡、硅酸、氟、碳酸氢钠、芒硝、食盐、钾、钠、钙等物质，其中氡含量达32.25埃曼/升（1埃曼=3.7贝可），远远高于被称为"氡泉"的浙江承天温泉（氡含量为15埃曼/升）。氡是放射性元素镭与钍等在衰变过程中产生的弱放射性气体元素。氡能刺激人的机体功能、促进各种代谢和加强免疫功能，

对关节病、各种风湿病、骨质增生、慢性皮肤病、中枢神经和心血管系统疾病以及妇科疾病均有明显的疗效。在沐浴时，水中逸出的氡可以通过呼吸道进入人体，另一方面，氡也可以透过皮肤进入人体，然后随血液流动分布到全身；沐浴后，氡及其衰变产物在体表形成气体附着膜和放射性衰变膜，仍能维持医疗作用4～24小时。硅酸能促进造血功能，有抑制血管硬化和防止关节炎的作用；氟能改善人体的新陈代谢；碳酸氢钠、芒硝、食盐等可以改善皮肤状态，调整神经功能，促进血液循环，亦能促进新陈代谢；钾、钠、钙等元素更是维持人体正常生理功能不可缺少的元素，对人体的生长发育、抗衰老、免疫都至关重要。

世界上有矿泉分布的国家很多，其

中，法国西南部的卢尔德泉以其神奇的疗效而著名。研究发现卢尔德泉富含有机锗，锗在血液中能充当第二"氧"的作用，可以提高人的免疫功能、抑制癌细胞生长，改善人体的微循环功能、调整血压。

3. 温泉的疗效

（1）碳酸氢盐泉

碳酸氢盐泉可分为重碳酸土类泉和重曹泉两种。

①重碳酸土类泉：含有钙、镁等的碳酸氢盐的温泉，具有镇静作用，对皮肤过敏、慢性皮肤病、荨麻疹有疗效。如为饮泉，可以改善肠胃病和糖尿病。

②重曹泉：富含碳酸氢钠的泉，是对皮肤有滋润功能的"美人汤"，对烧伤、烫伤等外伤有一定的改善效果。如为饮泉，可中和胃酸，改善肠胃疾病。

（2）碳酸泉

有些矿泉的主要成分为游离二氧化碳，其含量在1克/升以上时称为碳酸泉，是一种无色透明的泉水，稍有辣味。其主要医疗保健作用有：改善心血管功能，改善血液循环，降血压；治疗皮肤病，如慢性湿疹、神经性皮炎、银屑病等；治疗代谢性疾病，如糖尿病、痛风、肥胖症等。如为饮泉，可以改善肠胃疾病。

（3）硫磺泉

又称硫化氢泉，因为硫磺泉的主要成分为硫化氢。其显著特点是走近温泉，即可闻到臭鸡蛋气味。硫磺泉的主要保健医疗作用有：具有软化皮肤、溶解角质、灭菌、杀虫作用，并有止痒、解毒的效能，对各种皮肤病有较好的治疗效果；可使植物性神经系统兴奋活跃，用于需要兴奋的患者，如神经损伤、神经炎、肌肉瘫痪等；能促进关节浸润物的吸收，缓解关节韧带的紧张，适用于各种慢性关节疾病；因泉水中所含胶状硫黄分子微小，易进入体内组织，起类似触媒的作用，使体内的废物由皮肤和肾脏排出体外，所以，硫磺泉对代谢性疾病也有一定作用。但是因为刺激性强，对肤质敏感者可能产生副作用。

（4）氯化钠泉

低浓度的氯化钠温泉与淡温泉作用相似，而高浓度的温泉浴疗则具有特殊作用：氯化钠能刺激皮肤，促进组织生长；促进新陈代谢；镇静神经；加速关节机能的恢复。如为饮泉，可改善肠胃疾病。

（5）碘泉

碘是人类生命所必需的物质，能明显地激活机体的防御机能。碘离子可通过皮肤进入体内，浴后血中碘含量增加。对各种炎症都有显著的消炎及促进组织再生作用。同时又能降低血脂，使脑磷脂明显下降，有预防血栓形成的作用。

（6）铁泉

铁泉有硫酸铁泉和碳酸铁泉两种。

硫酸铁泉的收敛作用更明显，对慢性风湿病、妇科炎症、营养不良、下肢溃疡、皮肤及黏膜病等有治疗作用。

铁碳酸氢盐泉含有重碳酸亚铁，接触空气产生褐色的沉淀物，水色呈茶色或红土色，是理想的疗养泉。饮用泉水对改善贫血十分有效。

（7）氡泉——泉中贵族

不少人对"氡"这一惰性气体不了解，认为它具有很强的放射性以致会诱发肺癌等病症。其实只有高剂量的氡比如铀矿场内的氡，才有诱发癌症的可能性。

而与此形成鲜明对照的是，氡泉能治疗多种疾病。研究表明：氡能有效治疗慢性支气管炎、哮喘、便秘、胃痉挛、胆结石、慢性肠炎、痛风、神经衰弱、失眠、各种神经痛、末梢神经炎、荨麻疹、冻疮等病症，对心律和血压的调节更能收到立竿见影的疗效。日本著名的米萨氡泉疗养地对慢性类风湿性关节炎和高血压患者的治疗效果十分显著。

此外，"氡"还有减肥的效果，而且比市面上充斥的"抽脂""吃药"等方法更为安全快捷。这种疗法在西方发达国家非常流行，有的国家的飞行员都通过"氡浴"减肥。

（8）放射能泉

放射能泉是指含有放射性元素氡和镭的温泉，是可泡可饮还可以吸入的温泉，对糖尿病、神经系统疼病、风湿病、痛风、妇科病等具有疗效，并有镇静作用。

（9）硒泉

硒是一种较稀有的准金属元素，到20世纪70年代才被列为人体必需的微量元素。硒和维生素E都是抗氧化剂，二者相辅相成，可防止因氧化而引起的衰老、组织硬化，至少可以减慢其变化的速度；并且它还具有活化免疫系统、预防癌症的功效。具体来说，其主要功效是，帮助维持组织的柔软性，有助于治疗女性更年期的潮热、烦躁，有助于预防和治疗头皮屑，具有中和某些致癌物或预防某些癌症的功能。

（10）硅酸泉

硅酸盐是人体正常生长和骨骼钙化所必需的，也是维持生命不可缺少的物质。浴用时，对皮肤及黏膜有洗涤渗透作用。饮用时，能缓解动脉硬化，维持动脉弹性；能保护动脉内膜，使脂质不能侵入。

偏硅酸具有良好的软化血管的功能，可使人的血管壁保持弹性，故对动脉硬化、心血管和心脏疾病能起到明显的缓解作用。研究表明，饮用水中硅含量的高低与心血管病发病率呈负相关。硅在骨骼化过程中具有生理作用，它对骨骼化的速度有影响。

（11）硫酸盐泉

硫酸盐泉可分为三种：

①含钠的硫酸盐泉：常泡可以改善高血压、动脉硬化等病症，并可促进胆汁的分泌。如为饮泉，对改善肠胃病和糖尿病有效。

②含钙的硫酸盐泉：有绝佳的镇静效果，常泡可以改善高血压、动脉硬化、风湿病、割伤、烧伤、皮肤病。

③含有硫酸镁的正苦味泉：效能跟石膏正苦味泉差不多，常泡可以改善高血压、动脉硬化等病症。

（12）砷泉

砷被人体吸收后，能刺激、兴奋骨髓的造血功能。有关实验证明，砷虽然不是直接参加造血的一种物质，但是能增强铁的造血功能和作用。

砷还有增进皮肤弹性的作用，能治疗一些皮肤疾病，并对出现瘢痕的皮肤组织有一定的修复作用。同时，还能治疗呼吸道的慢性炎症。大剂量的砷是有毒的，它是组成砒霜的元素之一。

4. 温泉疗法

温泉除自身温度和化学成分有利于人体外，泉水的其他物理刺激也对疾病有一定的疗效，这主要是指泉水的压力和浮力。我们泡温泉时，水的浮力可抵消地球对身体的吸引力，使肢体功能得以恢复。一般来说，泉水中无机盐类的含量越高，浮力就越大，渗透压也越大，越有利于肢体关节功能的训练，为治疗骨折后关节僵硬、神经麻痹、肌肉瘫痪提供了有利条件。泉水的冲击和摩擦，还可以起到按摩的作用。

温泉疗养最常见的方法是浴疗，浴疗通常称为矿泉浴。矿泉浴在治疗某些慢性病和养生保健方面简单易行，舒适实用，有其独到的作用，甚至优于某些药物治疗。可以根据病人的病情、体质状况，采用不同温度、不同成分的泉水进行浸浴和淋浴。浸浴是把身体的全部或半部、局部浸入温泉中，每天泡浴一定时间，连续数日作为一个疗程；淋浴则是让温泉水从身体上流过，由于泉水与身体皮肤的接触时间短，而有些有效气体又易散失，所以对人体的刺激不如浸浴，疗效下降很多，应用不是很广泛。

为了适应疗养需要，取得更好的疗效，现在温泉疗法又有了许多新的方式，

如蒸洗疗法、拔罐疗法、沙浴疗法（图5-12）、温泉水吸入疗法、运动浴、机械水浴（图5-13）等。

▲ 图5-12 沙浴疗法

▲ 图5-13 温泉机械水浴

泉在身中

水是生命之源，是维持生命不可或缺的物质。人类的繁衍生息离不开水的一路相伴，饮用水更是与我们的日常生活息息相关。受大地滋养的矿泉水作为优质饮用水，长期以来都是人们饮用的首选。在工业技术落后的古代，泉水不需要凿井提取，自然是人们关注的重点。矿泉水除了解渴、烹饪等日常的用途外，主要用途还包括药用、酿酒、烹茶3种，其中，泉与茶的相互促进作用最为明显，烹茶使用也最为广泛。

1. 天然矿泉水的分类

很多泉水都是优质的饮用水，符合国家的天然矿泉水标准。在国家规定的九项界限指标——锂、锶、锌、硒、溴化物、碘化物、偏硅酸、游离二氧化碳和溶解性总固体中，只要一项以上含量达到要求（表5-1），就能称为天然矿泉水。

表5-1　我国天然矿泉水的指标要求

物质	界限指标（mg/L）	限量指标（mg/L）
锂	≥0.2	/
锶	≥0.2	/
锌	≥0.2	/
硒	≥0.01	＜0.05
碘化物	≥0.2	/
偏硅酸	≥25	/
游离CO_2	≥250	/
溶解性总固体	≥1 000	/

青岛的崂山泉水就是典型的天然矿泉水，其游离二氧化碳含量高达2 300毫克/升，比一般的泉水高出几十倍，泉水盛出来就呼呼冒泡，喝到口中清凉麻辣，醇美无比。

可以根据矿泉水的特征组分、阴阳离子对其进行分类。

（1）按矿泉水的特征组分分类

国家矿泉水标准将矿泉水分为九大类：

①偏硅酸矿泉水；

②锶矿泉水；

③锌矿泉水；

④锂矿泉水；

⑤硒矿泉水；

⑥溴矿泉水；

⑦碘矿泉水；

⑧碳酸矿泉水；

⑨盐类矿泉水。

最常见的矿泉水是锶（Sr）型和偏硅酸型。

（2）按阴阳离子分类

以阴离子为主分类，以阳离子划分亚类：

①氯化物矿泉水，有氯化钠矿泉水、氯化镁矿泉水等；

②重碳酸盐矿泉水，有重碳酸钙矿泉水、重碳酸钙镁矿泉水、重碳酸钙钠矿泉水、碳酸氢钠矿泉水等；

③硫酸盐矿泉水，有硫酸镁矿泉水、硫酸钠矿泉水等。

2.药理

矿泉水不光是作为饮用水满足我们基本的身体需要，其中富含的各种成分，对我们的身体健康也不无裨益。过去由于对矿泉水为什么能治病不了解，人们误以为是神仙菩萨撒下了灵丹妙药，很多地方都有神泉、灵汤、药泉、圣泉等称谓，这都是由于对矿泉的成因和泉水的化学成分缺乏科学认识造成的。

我国的矿泉资源非常丰富，是世界上矿泉分布最多的国家。长期的医疗实践证明矿泉水能治疗多种疾病，具有很高的国民经济价值和医疗价值。在人们重视保健的今天，一些长寿者比较集中地聚居的地区吸引着各方的眼球，他们长寿的奥秘也常与泉水关系密切。例如，全国有名的贵州普定长寿镇，当地居民的饮用水汲取于镇南面福寿山下的泉水经水文地质专家调查，这里的泉水是一种含碳酸、硅酸和氡气的复合矿泉水，其中所含的元素较多，除硅、氡、硒外，还含有锶、锂、锌、钼、钴、锰等20多种有益于人体的微量元素。碳酸能增加胃液、唾液等分泌物，帮助消化，增进食欲；硅酸具有软化血管的功能，特别是对中年以后的人来说，预防高血压、预防动脉硬化都很有必要；硒具有防癌以及治疗心血管病、不育症和未老先衰等症的功效。生活在那里的人，长期饮用这种泉水，当然就健康长寿了。

氡气泉，其水中所含的氡气是放射性镭在衰变过程中产生的一种放射性气体。饮用这种泉水，氡元素就会进入人体，其放射性可调节心血管系统和神经系统的功能，有降低血压、催眠、镇静、镇痛等作用，对神经炎、关节痛、糖尿病、皮炎等亦有一定疗效。通过氡泉浴，还能调节内分泌功能，对于女性卵巢机能不全、月经不调、内分泌紊乱等疾病，也有医疗作用。

含硫酸根离子较多的泉水，具有消炎作用，可治疗慢性肠炎、腹泻。

含氯化钠较多的泉水，可促进消化，增加食欲，对慢性肠胃炎、十二指肠溃疡疗效较好。

3. 酿酒

中国自古就有"无酒不成宴"的说法。几千年的历史传承，更是发展出了五花八门的酒文化，酒桌上推杯换盏，其乐融融。中华名酒更是层出不穷，贵州茅台、绍兴老酒、安徽古井贡酒、山西汾酒、四川绵竹剑南春、宜宾五粮液等，几乎家喻户晓。所谓"名酒必有佳泉"，这些名酒都和泉水有或多或少的联系。制造茅台酒的水主要是赤水河两岸红土层中溢出的清泉，剑南春是用诸葛井泉水酿造的，五粮液是用金鱼井泉水酿造的，古井贡酒、惠泉酒、郎酒等甚至直接以泉命名。青岛啤酒也是用崂山矿泉水酿造而成的。

4. 烹茶

茶是中华民族的重要饮品，在中国历史的发展过程中形成了独特的茶文化（图5-14、图5-15、图5-16）。据传公元前28世纪的神农氏就发现了茶叶，但

◀ 图5-14 煮茶图（一）

▲ 图5-15 煮茶图（二）

▶ 图5-16 煮茶器具

当时的茶叶制作工艺粗糙。古人饮茶之风源于盛产茶树的巴蜀之地，也就是现在的四川、湖北一带，秦汉时期（公元前221～公元220）以后逐步向其他地区传播，至唐代传遍中国，故有"茶兴于唐"之说。中国第一部茶叶巨著——《茶经》的问世，标志着中国茶文化的形成。

中国人之所以好茶，是因为茶叶中含有咖啡因、茶鞣质以及其他成分，在沸水沏泡以后都溶于水中，特别是氨基酸与茶鞣质形成香气馥郁的醛类，芬芳诱人，让人有啜之为快之欲。

"水为茶之母"，历代茶人对茶水的品鉴都尤为重视，有"精茗蕴香，借水而发"的论述。八分之茶遇十分之水，茶亦十分，十分之茶试八分之水，茶只八分，好茶好水才能相得益彰，否则，茶再好也是枉然。江浙一带盛传的"龙井茶，虎跑水""扬子江心水，蒙山顶上茶"，皆是古人追求的茶与水的最佳组合。自唐宋时期起，兴起以泉水泡茶之风，文人雅士多谙此道，以茶带泉，中华大地上水质较好、适宜煮茶的泉水，都成了茶客频繁光顾之地。

中国的饮茶文化与"茶圣"陆羽（图5-17、图5-18）关系密切，他周游各地，对华夏名泉、名水按其煮茶的水味作了细致的分析和比较，并根据其品位的高低排出名次。当时，天下之水，一经他品鉴，便会身价倍增。据说陆羽曾撰写《水品》一篇，排列名次的泉水有20处，江西庐山的谷帘泉为"天下第一泉"，其余19处依次为无锡惠山石泉、蕲州（蕲水县）兰溪石下水、峡州扇子峡虾蟆口（宜昌石鼻山下虾蟆泉）水、虎丘寺石泉（苏州虎丘山观音寺泉）、庐山招贤寺下方桥潭水（庐山观音桥塊招隐泉）、扬子江南零水（镇江金山中冷泉）、洪州西山瀑布水（南昌西山东瀑布水）、桐柏淮源（桐柏山淮河源）、庐州龙池山顶水（六安龙

▲ 图5-18　陆羽品茶图

穴山龙池水）、丹阳观音寺井（丹阳观音山玉乳泉）、扬州大明寺井（扬州平山堂西园蜀井）、汉江金州中零水（安康境汉水上游中零水）、归州（秭归）玉虚洞香溪水、商州（商县）武关西洛水、吴淞江水（吴江市东南六里甘泉桥下吴淞江水）、天台千丈瀑布水、郴州园泉、严陵滩水（桐庐钓台下严陵滩水）、雪水，其中15处是直接取自泉眼。

《水品》其实今已失传，我们所看到的名泉排序是唐代文人张又新在《煎茶水记》里记载的。他还记下了一个真实的故事：州刺史李季卿在扬子江畔遇见了在此考察茶事的陆羽，便相邀同船而行。李

季卿闻说附近扬子江中心的南零水煮茶极佳，即令士卒驾小舟前去汲水。不料士卒于半路上将一瓶水泼洒过半，便偷偷舀了岸边的江水充兑。陆羽啜尝一口，立即指出"此为近岸江中之水，非南零水"。李季卿令士卒再去取水，陆羽品尝后，才微笑道："此乃江中心南零水也。"取水的士卒不得不服，跪在陆羽面前，告诉了实情，陆羽的名气随后也就越发被传扬得神乎其神了。

陆羽对泉水的品鉴，倾向于其"活"和"洁"两个方面，即"远市井，少污染；重活水，恶死水"，认为"山水上，江水中，井水下"。山水（即山泉）

最佳，因山间的溪泉含有丰富的有益于人体的矿物质，为水中上品。茶有淡而悠远的清香，泉为缓而汩汩的清流，两者都远离尘嚣而孕育于青山秀谷，亲融于大自然的怀抱中（图5-19）。茶性洁，泉性则纯，这都是历代文人雅士们孜孜以求的品性。如要用江水，则要到远离人居的地方去取，以免人为污染；如不得已用井水，则要到经常有人汲水的井中去提取，以保持水的洁净。完全不流动的"潭水"也不可煮茶，因其可能被污染过而有碍人体健康，山谷中的陈水多枯枝败叶，也易积累毒素。

由于地域的差异及品鉴人的阅历局限，对泉水的品评带有很大程度的主观性，对泉水的评鉴结果也就产生了很多分歧。就"天下第一泉"而言，历史上就有四处名泉获此殊荣，分别是庐山谷帘泉（唐·陆羽）、镇江中泠泉（唐·刘伯刍）、北京玉泉（清·乾隆）和济南趵突泉（清·乾隆），形成了我国茶文化的多元性和趣味性。

最早被评定为"天下第一泉"的是江西庐山谷帘泉。陆羽按冲出茶水的美味

图5-19　山水茶情

程度，将泉水排了名次，谷帘泉排第一。谷帘泉的泉水具有八大优点，即清、冷、香、柔、甘、净、不噎人、可预防疾病。

在陆羽的排名中，江苏镇江的中冷泉为"天下第七泉"，稍陆羽之后的唐代名士刘伯刍品尝了全国各地沏茶的水后，将水分为七等，中冷泉因其水味和煮茶味佳被列为第一等，因此被其誉为"天下第一泉"。

到了清朝，乾隆皇帝取全国名泉之水，用特制的银斗进行鉴定，结果玉泉泉水最轻，含杂质最少，水质最好，便命名为"天下第一泉"，还写了《御制天下第一泉记》，刻碑立石，云："水之德在养人，其味贵甘，其质贵轻。朕历品名泉，实为天下第一。"清代皇宫饮水都是从玉泉取来的，运水车每天清早就从西直门运水入城，车上插着龙旗，故北京西直门有"水门"之称。

后乾隆南游途经济南时品饮了趵突泉水，觉得这水竟比他赐封的"天下第一泉"玉泉水更加甘洌爽口，于是又赐封趵突泉为"天下第一泉"，并写了一篇《游趵突泉记》。此外，蒲松龄也把天下第一的桂冠给了趵突泉，他曾写道："尔其石中含窍，地下藏机，突三峰而直上，散碎锦而成漪……海内之名泉第一，齐门之胜地无双。"

综合历代对茶泉的评价标准，可以看出，对茶泉水的评价应该从水质和水味来进行，水质要求"清""活""轻"，水味要求"甘""洌"。

清，指泉水澄澈，质地洁净，水中杂质少。

活，指流动的活水，要求有源有流，不是静止水。以在石上缓流的泉水为佳（图5-20）。湍急奔腾的泉水，溶矿物质过多，对人体反而有害。

轻，指水的质量轻，好水"质地轻，浮于上"，劣水"质地重，沉于下"。

甘，指甘甜，为烹茶首选，水味若有苦涩，必定影响茶的味道。

洌，指水含口中有清凉感。

烹茶用水第一要水质清。水清，"朗也，静也，澄水貌"。水质不洁净，则茶汤混浊。只有水质清洁无杂质，透明无色，才能显出茶的本色。

烹茶用水第二要水质轻。煮茶用水要"轻省"，这与现代关于"软水与硬水"的说法相似。现代科学认为，每升水含8毫克以上钙、镁离子的称为硬水，反之则为软水。自然界中仅雪水和雨水为纯软水，古人素来喜用此种"天泉"煎茶，

▲ 图5-20　清泉石上流

自有其科学道理。经实践，采用软水泡茶，茶汤的色、香、味三者俱佳；而用硬水泡茶，则茶汤变色，茶的色、香、味大减。水的轻重还应包括水中含有的其他矿物质成分的多少，如铁盐溶液、碱性溶液等都能增加水的重量，用含铁、碱物质过多的水泡茶，茶汤会漂起一层"锈油"。茶叶中含茶多酚类物质，遇水中的铁盐，茶汤还会变成黑褐色。清代人最讲究以水的轻重辨别水质的优劣，并以轻重来评定水的品级。清代乾隆皇帝出巡时，都要带

上特制的银质小方斗，以"精量各地泉水"。

关于水味的"甘和冽"，甘冽也称甘冷、甘香。"泉惟甘香，故能养人"，"味美者曰甘泉，气芬芳者曰香泉"，故煎茶的水质要求清凉甜美。

泉水的用途当然不止以上几点，还有许多其他的用处，如出露位置较高的泉水，可以利用其重力势能来发电，解决深山居民的照明问题；温泉也被广泛应用到农业、工业、采暖等领域，建设温室、灌

溉农田、养殖禽畜，为人类的生活不停地散发热量。

万物生长离不开水的滋润和哺育，水是生命之源，人类的生存繁衍也是依托于地球上丰富的水资源。我国地下水资源丰富，祖国大地上无数的泉水就像颗颗明珠，散布在高山平原、城市山村，无声地滋润着一花一叶、一草一木，哺育着丛林中的飞禽走兽，千百年来，始终如一。

由于气候的变化和人类对地下水的过度开采，许多泉水流量减少，甚至出现了断流、干涸的现象，尤其是名泉的消失更加令人惋惜。地下水资源的日渐匮乏，是地球生态环境恶化的明显标志，是对地球生物多样性的严峻考验。

今不胜昔，我们更应该珍惜愈显珍贵的泉水资源，保护泉水景观，保持泉水的喷流不息。

附　录

一、世界名泉录

序号	名称	所在地	特征
1	有马温泉	日本关西	日本三大名泉之一，泉色如铁锈，水温90℃
2	下吕温泉	日本	日本三大名泉之一，有养颜润肤功效
3	草津温泉	日本	日本三大名泉之一，水温25℃～96℃
4	别府温泉	日本	泉水涌出量世界第二，温泉种类多达10种
5	地狱谷温泉	日本	世界唯一猴子专用温泉
6	大棱镜温泉	美国黄石	世界第三大温泉，水温71℃左右，水面由内到外呈现出绿、橙、红等颜色
7	老忠实泉	美国黄石	最负盛名的间歇性喷泉，喷发极其规律，水温达93℃，喷高40～70米之间
8	城堡间歇泉	美国黄石	每10～12小时为一个喷发周期，首先是20分钟的热水，然后是40分钟的蒸汽，喷出高度为27米
9	猛犸温泉	美国黄石	世界上已知最大的碳酸盐沉积温泉，形成一连串温泉，景色壮观
10	狮群喷泉	美国黄石	为四孔喷泉，喷发时如群狮齐吼
11	普里斯马蒂克泉	美国黄石	世界上最大的间歇泉，周长90米，喷出水柱可达90米
12	格伦伍德温泉	美国	世界上最大的天然温泉游泳池，流速143升/秒

（续表）

序号	名称	所在地	特征
13	飞翔间歇泉	美国内华达	含有大量的矿物质和热水细菌，无法用于灌溉，泉眼周围形成一连串像火山的锥形体，具有鲜艳的颜色，极具观赏价值
14	蓝湖	冰岛	水温40℃，富含硅、硫等矿物质，对皮肤病有特效
15	德尔达图赫菲温泉	冰岛	冰岛最大的温泉，欧洲流速最快的温泉，水温达97℃
16	冰岛大喷泉	冰岛	是一个大的喷泉地区，到处冒出灼热滚烫的泉水，以盖锡尔间歇泉最为有名，可喷出51.8米，近年有所下降
17	史托克间歇泉	冰岛	每4~8分钟，它就会喷发一次，冲击的水流达40米高
18	斯特罗克尔间歇泉	冰岛	每小时喷水几次，每次持续4~10分钟，喷出高度20米
19	巴登温泉	德国	是德国社交、旅游会议中心，让人"5分钟忘掉自己，20分钟忘掉世界"
20	安德纳赫间歇泉	德国	是世界上海拔最高的冷水间歇泉，充满碳酸气体
21	埃维昂（依云）温泉	法国	pH近中性，保湿效果好
22	理肤泉温泉	法国	含丰富的硒元素，对各类皮肤病有良好的疗效
23	卢尔德泉	法国	对各类疑难杂症均有一定的疗效
24	罗托鲁阿火山温泉	新西兰	世界上最大的瀑布温泉和泥浆浴池
25	怀忙古间歇泉	新西兰	是世界上最高的间歇泉，可升至450米，仅在1900~1904年活跃
26	卡罗维瓦里温泉	捷克	著名的温泉疗养中心，泉水含多种化学元素，可供饮用、洗浴和医疗
27	黑维斯温泉	匈牙利	是世界上唯一的天然温泉湖，顶级温泉度假中心

（续表）

序号	名称	所在地	特征
28	洛加伯特温泉	瑞士	横贯阿尔卑斯山冰河，水质洁净，水温28℃~34℃
29	班夫温泉	加拿大	水温45℃，泉水富含矿物质和硫化氢，能有效治疗风湿病
30	釜谷温泉	韩国	水温达78℃，典型的硫黄温泉
31	威利坎间歇泉	俄罗斯	每隔6~8小时喷发一次，持续约1分钟
32	博阿斯火山喷泉	哥斯达黎加	山顶海拔2 900多米，是目前世界上最大的活火山口，直径达1 600米
33	报时泉	乌拉圭	早晚7点、中午12点准时喷射
34	鱼群温泉	土耳其	利用泉中小鱼治疗皮肤病

二、中国名泉录

序号	名称	所在地	特征
1	马跑泉	甘肃天水	唐尉迟敬德西征，战马跑出泉水
2	卓刀泉	湖北武汉	关公伏虎，卓刀出泉
3	天井泉	山东泰安	泰山碧霞祠边
4	陆游泉	湖北宜昌	陆羽曾来此品茶，并赋诗一首，泉水从石罅中流出，水质甘洌
5	月牙泉	甘肃敦煌	沙山环绕之中，月牙泉静静流淌成湖，湖水既不溢出也不干涸
6	白沙古井	湖南长沙	洁净透明、甘洌不竭，被誉为长沙第一井，毛主席词"才饮长沙水"说的就是这里
7	龙井泉	浙江杭州	位于西湖凤凰岭，三国时期就已经被发现，泉水纯美甘正，适于饮用，与龙井茶相得益彰
8	水火泉	台湾	水面可点燃的温泉
9	崂山矿泉	山东青岛	天然汽水，呼呼冒泡
10	清水温泉	甘肃清水	有名的硫化氢泉，能治疗皮肤病
11	白乳泉	安徽怀远	泉水矿物质极多，凝白似乳
12	从化温泉	广东从化	富含氡元素
13	谷帘泉	江西庐山	天下第一泉之一（陆羽）
14	中泠泉	江苏南京	天下第一泉之一（刘伯刍）
15	玉泉	北京	天下第一泉之一（乾隆）
16	趵突泉	山东济南	天下第一泉之一（乾隆）
17	惠山泉	江苏无锡	天下第二泉（陆羽），二泉映月
18	虎跑泉	浙江杭州	天下第三泉（陆羽）

（续表）

序号	名称	所在地	特征
19	观音泉	江苏苏州	又名陆羽井，天下第三泉（刘伯刍）
20	乳泉	广西桂平	泉水中有大量白色小气泡
21	华清池	陕西西安	多个朝代的皇家浴池
22	药泉	黑龙江德都	南泉觉（镇静），北泉尿（利尿），翻花泉水治癣有奇效
23	酒泉	甘肃酒泉	西汉中期设立酒泉郡，因"城下有泉，其水若酒"得名
24	神水泉	内蒙古兴安盟	48个泉眼，对多种疾病有很好的疗效
25	潮水泉	云南安宁	每隔三四个小时喷一次水
26	娘子关泉	山西平定	北方出水量最大的泉群
27	瀵泉	陕西合阳	富含氮元素，利于农作物生长
28	晋祠泉	山西太原	善利泉、圣母泉、难老泉
29	含羞泉	四川广元	冷水间歇泉
30	百泉	河南辉县	泉眼众多
31	腾冲沸泉	云南腾冲	水温高于95℃
32	羊八井喷泉	西藏拉萨	能发电的温泉
33	不冻泉	西藏	-14℃时依然喷涌
34	蝴蝶泉	云南大理	泉边蝴蝶聚集
35	碧玉泉	云南安宁	著名的安宁温泉有近2 000年历史
36	福州温泉	福建福州	著名的温泉城
37	阴阳山温泉	台湾台北	与北投温泉、关子岭温泉、四重溪温泉合称台湾四大温泉
38	黄山温泉	安徽黄山	在紫云峰下，又名汤泉
39	热河泉	河北承德	在避暑山庄内
40	喊泉	安徽寿春	间歇下降泉

序号	名称	所在地	特征
41	小汤山温泉	北京昌平	水温51℃
42	长白山温泉	吉林	温泉群，水温最高82℃
43	汤岗子温泉	辽宁鞍山	有名的氡气泉
44	息烽温泉	贵州息烽	氡泉
45	平山温泉	河北平山	氡泉
46	汤山温泉	江苏南京	含多种矿物质和微量元素
47	月坨岛温泉	河北唐山	我国唯一的天然海上温泉
48	盐泉	四川巫山	泉水成分与海水一样
49	贪泉	广东广州	警世名泉
50	廉泉	安徽合肥	警世名泉
51	六一泉	浙江杭州	因欧阳修得名，其号"六一居士"
52	陆羽泉	江西上饶	天下第十四泉（陆羽）
53	临汝温泉	河南临汝	含有30多种矿物质和放射性物质
54	庐山温泉	江西庐山	弱碱性硫磺泉
55	中山温泉	广东中山	水温达90℃
56	咸宁温泉	湖北咸宁	氡泉
57	南、北温泉	重庆	硫黄类温泉
58	绒玛温泉	西藏那曲	世界上海拔最高的温泉
59	鱼泉	河北涞水	谷雨前后有活鱼自泉中喷出
60	虾泉	广西南宁	三四月泉水中有大量虾
61	发酵泉	四川丹巴	含碳酸氢根较多
62	甘苦泉	河南焦作	并列的泉眼，泉水一苦一甜
63	鸳鸯泉	湖南湘西	相距3米的两个泉，温度相差20℃
64	香水泉	河南睢县	泉水带槐花香味

（续表）

序号	名称	所在地	特征
65	报震泉	新疆腾格里	地震前夕发出短笛般鸣声
66	毒气泉	云南腾冲	喷出二氧化碳，能使小动物窒息而死
67	珍珠泉	贵州安平	鼓掌则泉水冒气泡
68	姐妹泉	河南郑州	井口相邻，水温分别为32℃和18℃
69	双脉泉	四川长宁	泉水一淡一酸
70	气象泉	广西资源	雨前一两天断流
71	乳白泉	广西桂平	早晚9点泉水变为乳白，随后逐渐清澈
72	冰泉	陕西蓝田	倒水入井，立刻冻结成冰
73	海泉	海南儋县	涨潮时泉水带咸味
74	月泉	浙江浦江	泉水水位随月亮升落变化
75	无叶泉	广东佛山	能将落叶推出井外
76	白沙泉	湖南张家界	泉底铺有一层白玉似的砂子，掏出则填满，不掏却不增

三、山东名泉录

序号	名称	所在地	备注
1	趵突泉泉群	济南市区	包括趵突泉*、皇华泉*、柳絮泉*、金线泉（新）*、卧牛泉*、漱玉泉*、马跑泉*、无忧泉*、石湾泉*、湛露泉*、杜康泉*（北煮糠泉）、登州泉*、望水泉*、满井泉*、洗钵泉、浅井泉、混沙泉、灰池泉、北漱玉泉、东高泉、酒泉、饮虎池、泉亭池、尚志泉、螺丝泉、花墙子泉、青龙泉、道林泉、白云泉、白龙湾、围屏泉、对康泉、井影泉、劳动泉、沧泉、迎香泉、家院泉、户涟泉等38泉
2	珍珠泉泉群	济南市区	包括珍珠泉*、散水泉*、溪亭泉*、濋泉*、濯缨泉*（王府池子）、玉环泉*、芙蓉泉*、舜泉*（舜井）、腾蛟泉*、双忠泉*、感应井泉、灰泉、知鱼泉、朱砂泉、刘氏泉、云楼泉（白云泉）、不匮泉、广福泉、扇面泉、孝感泉、太极泉等21泉
3	黑虎泉泉群	济南市区	包括黑虎泉*、琵琶泉*、玛瑙泉*、白石泉*、九女泉*、南珍珠泉、任泉、豆芽泉、五莲泉、一虎泉（缪家泉）、金虎泉、胤嗣泉、汇波泉、对波泉、古鉴泉、溪中泉、苗家泉、寿康泉等18泉
4	五龙潭泉群	济南市区	包括五龙潭*、古温泉*、贤清泉*、天镜泉*、月牙泉*、西蜜脂泉*、官家池*、回马泉*、虬溪泉*、玉泉*、濂泉*、七十三泉、潭西泉、净池、醴泉、洗心泉、静水泉、东蜜脂泉、青泉、赤泉、井泉、泺溪泉、金泉、裕宏泉、东流泉、北洗钵泉、显明池、晴明泉、聪耳泉等29泉
5	白泉泉群	济南东郊	主要名泉有华泉*、白泉*、饮马泉、花泉、灰泉、丫丫葫芦泉、草泉、冷泉、团泉、麻泉等16泉

123

（续表）

序号	名称	所在地	备注
6	涌泉泉群	济南南郊	包括涌泉*、苦苣泉*、避暑泉*、突泉*、泥淤泉*、大泉*、圣水泉*、缎华泉*、醴泉、圣池泉、南泉、簸箩泉、穆家泉、西老泉、悬泉、南甘露泉、琵琶泉、柳泉、车泉、阴阳泉、凉水泉、四清泉、百花泉、拔槊泉、智公泉、枣林泉、盛泉、黄鹿泉、虎洞泉、雪花泉、藕池泉、锡杖泉、水帘洞泉、神异泉、滴水泉、丰乐泉、枪杆泉、咋呼泉、大花泉、试茶泉、卧龙池、冰冰泉、水泉、凉湾泉、鹿跑泉、苦梨泉、三龙潭、熨斗泉等115泉
7	玉河泉泉群	济南东郊	包括玉河泉*、淌豆泉、玉漏泉、东流泉、老玉河泉、响呼噜泉、东泉、黄路泉、猪拱泉、虎门泉、忠泉、响泉、黄歇泉、卢井泉、义和泉、黑虎泉等36泉
8	百脉泉泉群	济南章丘	包括百脉泉*、东麻湾*、墨泉*、梅花泉*、西麻湾*、净明泉*、漱玉泉、龙湾泉、金镜泉、灵秀泉、荷花泉、眼明泉、大龙眼泉、小龙眼泉、饭汤泉、筛子底泉、鱼乐泉、卸甲泉、盘泉、白泉等156泉
9	袈裟泉泉群	济南长清	包括袈裟泉*、卓锡泉*、清冷泉*、檀抱泉*、晓露泉*、滴水泉、甘露泉、双鹤泉、白鹤泉、上方泉、朗公泉、牛鼻泉、龙居泉、双泉、王家泉、长寿泉、卧龙泉、段家泉、白虎泉、润玉泉、糠沟泉、惠泉、玉珠泉、青龙泉、胜天泉、马山泉等60泉
10	洪范池泉群	济南平阴	包括洪范池*、书院泉*、扈泉*、日月泉*、姜女泉、天池泉、墨池泉、天乳泉、白雁泉、拔箭泉、莲花池、丁泉、狼泉、长沟泉、白沙泉等37泉
11	华泉*	济南历城	泉池如镜，映照着孤山古庙
12	浆水泉*	济南历下	清澈甘冽，甜如米汁
13	砚泉*	济南历下	泉池水位稳定，不涨不涸
14	甘露泉*	济南历下	自岩壁如露珠滚落，常年不涸
15	林汲泉*	济南历城	自石穴岩缝中流出，汩汩有声
16	斗母泉*	济南市中	自岩壁涌出，水量很大

（续表）

序号	名称	所在地	备注
17	无影潭*	济南天桥	因靠近无影山得名
18	泉林泉群	济宁泗水	包括趵突泉、珍珠泉、黑虎泉、淘米泉、雪花泉、双树泉、鸭鸣泉、卞桥泉、繁星泉、白石泉、莲花泉、双晴泉、洗钵泉、圣水泉、甘霖泉、永胜泉、为思泉、搬井泉、朝阳泉、甘露泉、三水泉、响水泉、礼前泉、涓涓泉、天井泉、奎聚泉、涌珠泉、红石泉、新开泉、琵琶泉、卞庄泉、三台泉、鸣玉泉、醴泉、金聚泉、太白泉、金鳌泉、小井子泉等
19	潘坡泉群	济宁泗水	包括潘坡泉、膏涌泉、瑀泉、留思泉、双缝泉、石窦泉、石液泉、潘波新泉、石露泉、石露新泉、石鏊泉、石缝泉、石滚泉、石土垄泉、雪花泉、涌珠泉、溢津泉、瑞泉、乳窦泉、悉家泉、激雪泉、大黄阴泉、小黄阴泉等
20	东岩店泉群	济宁泗水	包括东岩泉、石缝泉、黑虎泉、万花泉、赵家泉、合德泉、天津泉、石井泉、岳陵泉、杜家泉、里老沟泉、蒋家泉、曹家泉、龟眼泉、龟阴泉、龟尾泉、大鲍村泉、小鲍村泉、龙泽泉、黄花泉、四胜泉、泰来泉、地震泉等
21	玉沟泉群	济宁泗水	包括大玉沟泉、小玉沟泉、七里沟泉、东阴小泉、西阴小泉、珠泽泉、碎玉泉、天一泉、澄碧泉、流云泉等
22	即墨温泉	青岛即墨	含氟、二氧化硅、硫化氢等成分
23	汤东泉	烟台招远	泉口温度87℃
24	艾山温泉	烟台栖霞	明代初期即凿石为池，医治皮肤病、关节疼痛等
25	龙泉温泉	烟台牟平	治疗皮肤病、骨骼病、关节炎、动脉硬化等疾病有着较好的效果
26	威海温泉	威海环翠区	对关节炎、皮肤病等有明显疗效
27	文登温泉	威海文登	泉口温度达70℃
28	小汤温泉	威海乳山	可防治皮肤病、高血压、关节炎等

（续表）

序号	名称	所在地	备注
29	泰山温泉	泰安	含有二氧化硅、氟等成分
30	浣笔泉	济宁	传李白曾居于此，以泉水洗笔
31	老龙湾	潍坊临朐	主要泉水有薰冶泉、万宝泉、善息泉、濯马潭等
32	柳泉	淄博淄川	位于蒲松龄故乡
33	汤头温泉	临沂	舒筋活血、杀菌消炎，对皮肤、关节、神经系统的疾病疗效佳
34	玉泉	临沂费县	当地居民饮用此水，少有疾病
35	荆泉	枣庄滕州	山清水秀，风光旖旎

注：带*者为济南新七十二名泉之一。

四、趵突泉诗集

《题刘诏寺丞槛泉亭》

宋·赵抃

泉名从古冠齐丘，独占溪心涌不休。

深似蜀都分海眼，势如吴分起潮头。

连宵鼓浪摇明月，当暑迎风作素秋。

亭上主人留我语，只将尘事指浮沤。

《槛泉亭》

宋·苏辙

连山带郭走平川，伏涧潜流发涌泉。

汹汹秋声明月夜，蓬蓬晓气欲晴天。

谁家鹅鸭横波去，日暮牛羊饮道边。

滓秽未能妨洁净，孤亭每到一依然。

《将别历下绝句二首》

宋·晁补之

来见红蕖溢渚香，归途未变柳梢黄。

殷勤趵突溪中水，相送扁舟向汶阳。

《趵突泉》

金·元好问

白烟消尽冻云凝，山月飞来夜气澄。

且向波间看玉塔，不须桥畔觅金绳。

《趵突泉》

元·赵孟頫

泺水发源天下无，平地涌出白玉壶。

谷虚久恐元气泄，岁旱不愁东海枯。

云雾润蒸华不注，波涛声震大名湖。

时来泉上濯尘土，冰雪满怀清兴孤。

《趵突泉》

元·张养浩

绕栏惊视重徘徊，流水缘何自作堆？

三尺不消平地雪，四时长吼半空雷。

深通沧海愁波尽，怒撼秋涛恐岸摧。

每过尘怀为潇洒，斜阳欲没未能回。

《趵突泉》

元·张养浩

物平莫若水，埋阻乃有声。

云胡在坦夷，起立若纷争。

无乃沧海穴，泄漏元气精。

不然定鬼物，搏激风涛惊。

《咏趵突泉》

明·胡缵宗

王屋流来山下泉，清波聊酌思泠然。

云含雪浪频翻地，河涌三星倒映天。

滚滚波涛生海底，芄芄蕊萼散城边。

秋光一片凌霄汉，最好乘槎泛斗前。

《晚到泺泉，次赵松雪韵》

明·王守仁

泺源特起根虚无，下有鳌窟连蓬壶。

绝喜坤灵能尔幻，却愁地脉还时枯。

惊湍怒涌喷石窦，流沫下泻翻云湖。

月色照衣归独晚，溪边瘦影伴人孤。

《咏七十二泉诗·趵突泉》

明·晏璧

渴马崖前水满川，池心泉迸蕊珠圆。

济南七十泉流乳，趵突独称第一泉。

《饮趵突泉》

明·叶冕

一脉原从天上来，翻涛如怒震如雷。

千年玉树波心立，万叠冰花浪里开。

神液暗分天地髓，灵光长护水晶台。

飞龙有日还收去，散作甘霖遍九垓。

《饮趵突泉》

明·王廷相

济水东来伏，泉开涌玉林。

恍疑焦釜沸，翻讶石堂沉。

作泽随云远，成波助海深。

春回潜跃遂，郁有美鱼心。

《和前韵》

明·陈镐

玉垒嶙岣半有无，金声镗鞳拥冰壶。

流通渤澥源何远，老尽乾坤势未枯。

万点明珠浮泡沫，一川轻浪接平湖。

公余徙倚观澜石，四面清风兴不孤。

《趵突泉》

明·王象春

嗟余六月移家远，总为斯泉一系情。

味沁肝脾声沁耳，看山双眼也添明。

《趵突腾空》
明·张弓

夺目惊人万马蹄，一泓流出绿杨堤。

静深远透昆仑窟，芳润羞同河水泥。

喷薄源源谁是本，波涛荡荡竟何栖。

人间哪得常如此，应有蛟龙地下啼。

《趵突泉观麦哇》
明·吕纯如

一隙灵源鬼斧开，飞涛喷沫亦奇哉。

全将蛟室珠玑出，并挟龙宫风雨来。

四面青山连埠坺，千年白雪倚楼台。

郊游处处成欣赏，况有甘霖发麦荄。

《趵突泉诗》
明·怀晋

漾结水花大地无，疑开仙市出方壶。

云蒸三伏雪常冷，泽润九天雨不枯。

倒卷银河催逆浪，仰喷素练注明湖。

金波一任翻铜井，何似清泠趵水孤。

《题趵突泉》
明·张鹤鸣

宓灵碎剪夜光绡，笑掷波心雪浪骄。

倒卷银河穿泺底，遥牵海月涌江潮。

惊看乳窦投珠佩，响应冰壶冷玉箫。

我欲挂冠从卜筑，抱琴直旁水西桥。

《趵突泉》
明·沈道全

灵源拓迹是何年，突涌疑穿松底天。

溅石迷空晴亦雨，飞涛喷雪夏犹寒。

明珠乱落天花坠，玉乳长浮地肺联。

我欲乘流窥海藏，恐惊龙女驾瑶轩。

《来鹤楼观趵突泉》
清·王士禛

南郭山泉好，登临复此楼。

碧晴诸岫雨，绿淡一泓秋。

晓日浮沙碛，琅玕出静流。

翳然林木处，吾意已沧洲。

《趵突泉作》

清·康熙皇帝

十亩风潭曲，亭间驻羽旗。

鸣涛飘素练，进水溅珠玑。

汲杓旋烹鼎，侵阶暗湿衣。

似从银汉落，喷作瀑泉飞。

《趵突泉》

清·翁方纲

槛泉咏毕沸，正出维其深。

兹源泺所伏，澄涌无古今。

秋晴势未壮，我来脉初寻。

金沙四滢绕，碧藻间浮沉。

奔腾一气间，仿佛三临渊。

地底积阳奋，仰出宫微音。

微云四山合，巨石环苔阴。

欲就风雨会，试听蛟龙吟。

《趵突泉》

清·龚章

海右奇观宇内传，冰花三树脉相连。

霞光返照喷红雨，柳色斜白涌绿烟。

声彻千寻雷震地，寒生六月雪飞天。

浙江潮汛庐山瀑，不及家门趵突泉。

《趵突泉》

清·何绍基

泺水源头太是奇，千年趵突有神机。

人工天匠难窥察，万斛珠玑尽倒飞。

《泺源饮边一丈》

清·光庐

寻幽到泺源，相对倒金樽。

岚气连城白，泉声入夜喧。

绨袍知己在，华发故交存。

醉矣霜天晓，依投月下门。

《趵突泉》

清·吴伟业

似瀑悬河处，飞来绝壑风。

伏流根幻渺，跳沫拂虚空。

石破奔泉上，云埋废井通。

错疑人力巧，天地桔槔中。

《趵突泉和赵韵》

清·张缙彦

千里青冥看欲无，却从石底出冰壶。

黄花烟冷流常伏，碧海鲸翻雪未枯。

山雨时时喷绝壑，天星夜夜落平湖。

仙楼此地骚坛在，何处关河客影孤。

《趵突泉诗》

清·丁耀亢

囊里松花饭不无，年来避地近方壶。

菖蒲九节根将老，乔木三株叶未枯。

云接太行分岱岳，水从王屋到明湖。

抱琴欲别成连去，宦海茫茫月影孤。

《趵突泉》

清·魏裔鲁

趵突由来天下无，仙人何事觅蓬壶。

亭开银练珠恒润，楼俯金泉浪不枯。

三岛烟波惊滟潋，十洲风雨遍江湖。

狂吟幸有杜康酒，东道肯教客况孤。

《趵突泉诗》

清·郭奎先

北海诗豪今有无，犹留白雪贮晶壶。

滔滔不管云根瘦，沸沸常疑地髓枯。

一片冰心摇素影，三株玉树照晴湖。

剪波日莫吟梁父，漱石徒惭旅思孤。

《趵突泉诗》

清·刘胤祚

黄鹤翩跹事有无，珠玑百斛涌方壶。

疏林夜静千山暝，凉月秋归万木枯。

水泻琴音传王屋，云连雁影落平湖。

临流坐对芙蓉老，唯有高吟兴不孤。

《酹江月》

（赋济南风景，和东坡韵）

元·张之翰

南山北济，算难尽、十二全齐风物。

平地华峰天一柱，鹊倚岩岩青壁。

金线横波，真珠出水，趵突喷寒雪。

无穷潇洒，品题宜有才杰。

遥忆工部来时，谪仙游处，兴自云间发。

翠琰高名千古在，不逐兵尘磨灭。

细嚼遗篇，高歌雅句，风动萧萧发。

英灵何许，画船独醉月。

《天净沙》（越词）

当代·汪普庆

名城趵突喷泉，岱阴历下飞烟，

鲁地云天翠献。

古今鸟瞰，朝霞这边娇妍。

《清平乐·重游趵突泉》

当代·蓟门居士

莲花出濑，触目思澎湃。

三股并发三千载，平地玉壶还在。

古曰泉水激湍，今云奔荡回旋。

我道趵突胜涌，飞涛勿忘思源。

《趵突泉》

当代·郭沫若

地下汪洋水，形成趵突泉。

珍珠随处涌，金线自然牵。

普天诚第一，历世岂三千？

濠上知鱼乐，欣逢跃进年。

《济南趵突泉》

当代·王翼奇

趵突波澜天下奇，银河不问九天垂。

却分泰岱凌云势，涌出泉城漱玉池。

千里伏流王屋水，一林秋叶阮亭诗。

滥觞自是须高远，徒倚栏杆有所思。

《初访济南》

当代·唐远德

万里云天访济南，松青草绿五龙潭。

大明湖畔风吹醉，趵突泉边酒饮酣。

四化齐人添胆气，云天鲁地遍烟岚。

今番喜作山东客，难忘高朋一席谈。

《趵突泉》

当代·王泽惠

齐州历历众名泉，趵突奇观独占先。

三窦怒喷翻玉液，滔滔滚滚万千年。

《游趵突泉感怀》

当代·白冰

清溪怎媲瀑流泉，试瞰明砂倒映天。

水气妖娆袭布裹，银波潋滟荡心田。

汝喷玉乳滋乡里，我赖琼浆望寿年。

虽迁颠簸行未变，仍图报效永思渊。

《趵突腾空》

当代·竹川

鼎沸三轮胜玉馨，瑶池祖母绿山灵。

人间咫尺神仙路，枉送蓬莱一往情。

才华横溢泉三股，字叶珠玑水一泓。

多少诗人生历下，泉城自古是诗城。

漱玉泉边士女来，绿杨荫里起楼台。

千年今始祠清照，还是当今最爱才。

《旧题趵突泉》

当代·王学仲

七十二泉集济城，缘何趵突弘扬名？

骤警兽骇纷狂躍，地落无言地吼声。

五、泗水泉林诗集

《泉林寺》

清·康熙皇帝

偶从川上驻行旍，密柯重林带野烟。

俯仰古今成一辙，源泉昼夜尚涓涓。

《泉林二首》

清·乾隆皇帝

其一

修楔昨才过上巳，禁烟今已近清明。

绿浑草色轻风拂，红润花光宿雨晴。

老幼就瞻由次第，泉林苍秀正逢迎。

碑亭赑屃先钦读，益识文谟望道情。

其二

奎章明喜尼山近，我自尼山祭罢来。

旧日行宫重修葺，暮春曲水足追陪。

泗源叠出似之矣，陪尾传讹久矣哉。

村色泉声欣始遇，得教散志一徘徊。

《鲁郡东石门送杜二甫》

唐·李白

醉别复几日，登临遍地台。

何时石门里，重有金樽开。

秋波落泗水，海色明徂徕。

飞蓬各自远，且尽手中杯。

《春日》

宋·朱熹

胜日寻芳泗水滨，无边光景一时新。

等闲识得东风面，万紫千红总是春。

《题泗泉》

元·刘豫

泗泉奇且怪，声势各喧虺。虎豹岩边去，蛟龙窟里来。混流烟作阵，巧激雪成堆。

脉必人疏导，源应鬼凿开。乍深涛不起，潆绕浪相催。可把江心比，尝将海眼猜。

始微才并玉，终盛若奔雷。涧为寒无卉，丘因润有苔。已观离窦侧，俄见过城隈。

石劲崖难漱，沙虚岸易颓。迳虽逾济漯，遐亦到蓬莱。洗钵僧常至，乘槎客未回。

我从源际瞰，谁自谷中推。汹涌曾浮磬，潺缓好泛杯。狭宁容蚁穴，湍可暴鱼鳃。

擘华非夫尔，排淮乃力哉。傍如巫女峡，上类楚阳台。漏泽空神异，襄陵但水灾。

林幽多鸟雀，地僻少尘埃。重爱此佳趣，题诗愧不才。

《泉林》

明·邵以仁

有泉出如林，周回穿山石。混混复潺潺，奔流知许日？

昔起圣道源，今足皇家食。逝者信如斯，濯缨良可惜。

我来挹清波，悠然会心易。宁独薄贪泉，直以契无极。

《观泗源》

明·张文渊

去年曾向杏坛过，今复来探泗水波。

两处地头能几到，不妨徐步一高歌。

《趵突泉》

明·张文渊

万壑中间见此泉，分明文豹突平田。

势雄百涧宜皆殿，声振千林让独先。

《泉林行宫》

清·王廷赞

陪尾山前泗水流，西风黄叶故宫秋。

翠华一去何时返，独上高峰望蓟州。

《观泗泉·黑虎泉》

明·章拯

章行至陪尾，道体识源头。

漏泽有时竭，源泉无日休。

品推黑虎胜，合作玉虹流。

洙泗多名迹，东归记胜游。

《珠泉寒涌》

明·张祚

冷冷清泉苦斗奇，蕊珠万颗弄涟漪。

潆洄触石声如咽，疑是鲛人抱泣时。

《红石泉》

明·王文翰

渠根一片丹砂石，深试平渠刚五尺。

中流不识自何来，藻色波光弄虬赤。

《响水泉》

明·王文翰

天哉无声何有声，只缘山鬼泄天精。

气吞海眼蛟龙出，昼夜琅琅不断鸣。

《淘米泉》

明·王文翰

野炊家家饭香黍，不须井臼操缲杵。

临流淘汰饎馐成，长歌帝力何所与。

《双睛泉》

明·王文翰

彻底分明净若油，波光混混老春秋。

夷齐到此应舒啸，欲解尘缨濯上流。

《洗钵泉》

明·王文翰

一流空部相传钵，离垢出尘轻死活。

常向泉心一洗之，辟谷绝饮忘饥渴。

《石缝泉》

明·王文翰

可爱断岩石缝泉，日喷玉屑响珊珊。

要知就里生元化，须问东来岩后山。

《潘坡泉》

明·王文翰

观澜奇处是潘坡，无待风云展縠罗。

元自方壶斟得出，至文流出孔洙河。

《涌珠泉》

明·王文翰

龙斗沧溟破蚌胎，涣从水口涌珠来。

不须横索鲛人价，智者能收百贝回。

《珍珠泉》

明·王文翰

渊底有珠泽自媚，明月夜光倘来寄。

岂知灵蛇吐万斛，殊分一贯穷天地。

《趵突泉》

明·王文翰

神物何年踏地灵，蹄涔忽动海天星。

顿令麓下济流急，看彻还思倚树听。

《泉林杂咏七首》

佚名

柳烟国自柳丝青，无定色中有定形。
说与寻常间景者，诗情画意此称灵。

红是杏之芳自好，雨为花已谢应然。
亭前欲问几株者，于此起心分别不？

万古川流传子在，应于不舍识其真。
识真宁去寻常句，照影惭称八十人。

渫步行频左右移，故看多致镜光披。
心思直岂不胜曲，却是人情好作奇。

阙里泉林隔一顿，东西来去每从分。
总为近圣之居耳，愧鲜躬行徒用劲。

秦柏汉松适曾观，杞柳于斯古萨盘。
托圣物无论贵贱，水沤入海哪如乾。

丁酉于斯一纪阅，甲辰忆复五年过。
横云馆北承欢处，只益增悲叹奈何。

参考文献

[1]王大纯. 水文地质学基础[M]. 北京: 地质出版社, 1996.

[2]孟石. 中国名泉[M]. 合肥: 黄山书社, 2013.

[3]卢金凯. 泉[M]. 北京: 民族出版社, 1982.

[4]薛振勇. 华夏名泉[M]. 北京: 科学普及出版社, 1987.

[5]任宝祯, 管萍. 济南名泉[M]. 济南: 山东友谊出版社, 2006.

[6]孔庆友, 姜辉先. 齐鲁风光大全[M]. 北京: 科学出版社, 2013.

[7]孔庆友. 山东地学话锦绣[M]. 济南: 山东科学技术出版社, 1991.

[8]李世欣. 泉城流韵[M]. 济南: 山东人民出版社, 2006.

[9]李志华. 中国的温泉[M]. 西安: 陕西人民出版社, 1985.

[10]陶良喜. 济南的泉水[M]. 北京: 地质出版社, 1982.

[11]李世欣. 泉·诗词文赋[M]. 济南: 济南出版社, 2002.

[12]山东省地矿局. 济南泉水[M]. 济南: 黄河出版社, 2003.

[13]山东省地质环境监测总站, 济南市名泉保护管理办公室. 济南市名泉保护总体规划[R]. 2006.5.

[14]济南市人民政府, 济南趵突泉泉群省级地质公园规划(2014-2025年)专项研究报告[R]. 2014.12.

[15]梁光河. 美国黄石公园间歇泉成因机制探讨[J]. 地球科学前沿, 2013(3): 172-182.

[16]黄仰松, 吴必虎. 中国名泉[M]. 上海: 文汇出版社, 1992.